大数据技术精品系列教材

Keras
与深度学习实战

Hands-on Deep Learning with Keras

黄可坤 张良均 ◉ 主编
侯跃恩 黎伟强 原鑫鑫 ◉ 副主编

人民邮电出版社
北京

图书在版编目（CIP）数据

Keras与深度学习实战 / 黄可坤，张良均主编. --北京：人民邮电出版社，2023.9（2024.7重印）
大数据技术精品系列教材
ISBN 978-7-115-61979-2

Ⅰ. ①K… Ⅱ. ①黄… ②张… Ⅲ. ①机器学习—教材 Ⅳ. ①TP181

中国国家版本馆CIP数据核字(2023)第111355号

内 容 提 要

本书以 Keras 深度学习的常用技术与真实案例相结合的方式，深入浅出地介绍使用 Keras 进行深度学习的重要内容。全书共 7 章，内容包括深度学习概述、Keras 深度学习通用流程、Keras 深度学习基础、基于 RetinaNet 的目标检测、基于 LSTM 网络的诗歌生成、基于 CycleGAN 的图像风格转换、基于 TipDM 大数据挖掘建模平台实现诗歌生成等。本书大部分章包含实训和课后习题，通过练习和操作实践，读者可以巩固所学的内容。

本书可以作为高校数据科学或人工智能相关专业的教材，也可作为深度学习爱好者的自学用书。

◆ 主　编　黄可坤　张良均
　副主编　侯跃恩　黎伟强　原鑫鑫
　责任编辑　初美呈
　责任印制　王　郁　焦志炜

◆ 人民邮电出版社出版发行　北京市丰台区成寿寺路 11 号
邮编　100164　电子邮件　315@ptpress.com.cn
网址　https://www.ptpress.com.cn
固安县铭成印刷有限公司印刷

◆ 开本：787×1092　1/16
印张：15.5　　　　　　　　2023 年 9 月第 1 版
字数：353 千字　　　　　　2024 年 7 月河北第 3 次印刷

定价：59.80 元

读者服务热线：(010)81055256　印装质量热线：(010)81055316
反盗版热线：(010)81055315
广告经营许可证：京东市监广登字 20170147 号

大数据技术精品系列教材
专家委员会

专家委员会主任：郝志峰（汕头大学）

专家委员会副主任（按姓氏笔画排列）：

　　　　　　　　王其如（中山大学）
　　　　　　　　余明辉（广州番禺职业技术学院）
　　　　　　　　张良均（广东泰迪智能科技股份有限公司）
　　　　　　　　聂　哲（深圳职业技术大学）
　　　　　　　　曾　斌（人民邮电出版社有限公司）
　　　　　　　　蔡志杰（复旦大学）

专家委员会成员（按姓氏笔画排列）：

　　王爱红（贵州交通职业技术学院）　韦才敏（汕头大学）
　　方海涛（中国科学院）　　　　　　孔　原（江苏信息职业技术学院）
　　邓明华（北京大学）　　　　　　　史小英（西安航空职业技术学院）
　　冯国灿（中山大学）　　　　　　　边馥萍（天津大学）
　　吕跃进（广西大学）　　　　　　　朱元国（南京理工大学）
　　朱文明（深圳信息职业技术学院）　任传贤（中山大学）
　　刘保东（山东大学）　　　　　　　刘彦姝（湖南大众传媒职业技术学院）
　　刘深泉（华南理工大学）　　　　　孙云龙（西南财经大学）
　　阳永生（长沙民政职业技术学院）　花　强（河北大学）
　　杜　恒（河南工业职业技术学院）　李明革（长春职业技术大学）
　　李美满（广东理工职业学院）　　　杨　坦（华南师范大学）
　　杨　虎（重庆大学）　　　　　　　杨志坚（武汉大学）
　　杨治辉（安徽财经大学）　　　　　杨爱民（华北理工大学）

肖　刚（韩山师范学院）　　　　吴阔华（江西理工大学）
邱炳城（广东理工学院）　　　　何小苑（广东水利电力职业技术学院）
余爱民（广东科学技术职业学院）　沈　洋（大连职业技术学院）
沈凤池（浙江商业职业技术学院）　宋眉眉（天津理工大学）
张　敏（广东泰迪智能科技股份有限公司）
张兴发（广州大学）
张尚佳（广东泰迪智能科技股份有限公司）
张治斌（北京信息职业技术学院）　张积林（福建理工大学）
张雅珍（陕西工商职业学院）　　陈　永（江苏海事职业技术学院）
武春岭（重庆电子科技职业大学）　周胜安（广东行政职业学院）
赵　强（山东师范大学）　　　　赵　静（广东机电职业技术学院）
胡支军（贵州大学）　　　　　　胡国胜（上海电子信息职业技术学院）
施　兴（广东泰迪智能科技股份有限公司）
韩宝国（广东轻工职业技术大学）　曾文权（广东科学技术职业学院）
蒙　飚（柳州职业技术大学）　　谭　旭（深圳信息职业技术学院）
谭　忠（厦门大学）　　　　　　薛　云（华南师范大学）
薛　毅（北京工业大学）

序 FOREWORD

随着"大数据时代"的到来,移动互联网和智能手机迅速普及,多种形态的移动互联网应用蓬勃发展,电子商务、云计算、互联网金融、物联网、虚拟现实、智能机器人等不断渗透并重塑传统产业,而与此同时,大数据当之无愧地成为新的"产业革命核心"。

2019年8月,联合国教科文组织以联合国6种官方语言正式发布《北京共识——人工智能与教育》。其中提出,"通过人工智能与教育的系统融合,全面创新教育、教学和学习方式,并利用人工智能加快建设开放灵活的教育体系,确保全民享有公平、适合每个人且优质的终身学习机会"。这表明基于大数据的人工智能和教育均进入了新的阶段。

高等教育是教育系统中的重要组成部分,高等院校作为人才培养的重要载体,肩负着为社会培育人才的重要使命。2018年6月21日的新时代全国高等学校本科教育工作会议首次提出了"金课"的概念。"金专""金课""金师"迅速成为新时代高等教育的热词。如何建设具有中国特色的大数据相关专业,以及如何打造世界水平的"金专""金课""金师""金教材"是当代教育教学改革的难点和热点。

实践教学是指在一定的理论指导下,通过实践引导,使学习者获得实践知识、掌握实践技能、锻炼实践能力、提高综合素质的教学活动。实践教学在高校人才培养中有着重要的地位,是巩固理论知识和加深理论理解的有效途径。目前,高校大数据相关专业的教学体系设置过多地偏向理论教学,课程设置冗余或缺漏,知识体系不健全,且与企业实际应用契合度不高,学生很难把理论转化为实践技能。为了有效解决该问题,"泰迪杯"数据挖掘挑战赛组委会与人民邮电出版社共同策划了"大数据技术精品系列教材",这恰好与2019年10月24日教育部发布的《教育部关于一流本科课程建设的实施意见》(教高〔2019〕8号)中提出的"坚持分类建设""坚持扶强扶特""提升高阶性""突出创新性""增加挑战度"原则契合。

"泰迪杯"数据挖掘挑战赛自2013年创办以来,一直致力于推广高校数据挖掘实践教学,培养学生数据挖掘的应用和创新能力。挑战赛的赛题均为经过适当简化和加工的实际问题,来源于各企业、管理机构和科研院所等,非常贴近现实热点的需求。赛题中的数据只做必要的脱敏处理,力求保持原始状态。竞赛围绕数据挖掘的整个流程,从数据采集、数据迁移、数据存储、数据分析与挖掘,到数据可视化,涵盖企业应用中的各个环节,与目前大数据专业人才培养目标高度一致。"泰迪杯"数据挖掘挑战赛不依赖数学建模,甚至不依赖传统模型的竞赛形式,这使得"泰迪杯"数据挖掘挑战赛在全国各大高校反响热烈，且得到了全国各界专家、学者的认可与支持。2018年，"泰迪杯"增加了子赛项——数据分析技能赛，为应用型本科、高职和中职技能型人才培养提供理论、技术和资源方面的支持。截至2021年，全国共有超1000所高校，约2万名研究生、9万名本科生、2万名高职生参加了"泰迪杯"数据挖掘挑战赛和数据分析技能赛。

本系列教材的第一大特点是注重学生的实践能力培养，针对高校实践教学中的痛点，首次提出"鱼骨教学法"的概念。以企业真实需求为导向，学生学习技能时能紧紧围绕企业实际应用需求，将学生需掌握的理论知识，通过分析企业案例的形式进行衔接，达到知行合一、以用促学的目的。第二大特点是以大数据技术应用为核心，紧紧围绕大数据应用闭环的流程进行教学。本系列教材涵盖企业大数据应用中的各个环节，符合企业大数据应用真实场景，使学生从宏观上理解大数据技术在企业中的具体应用场景及应用方法。

在教育部全面实施"六卓越一拔尖"计划2.0的背景下，对如何促进我国高等教育人才培养体制机制的综合改革，以及如何重新定位和全面提升我国高等教育质量，本系列教材将起到抛砖引玉的作用，从而加快推进以新工科、新医科、新农科、新文科为代表的一流本科专业的"双万计划"建设；落实"让课程优起来、让学生忙起来、让管理严起来"措施，让大数据相关专业的人才培养质量有质的提升；借助数据科学的引导，在文、理、农、工、医等方面全方位发力，培养各个行业的卓越人才及未来的领军人才。同时本系列教材将根据读者的反馈意见和建议及时改进、完善，努力成为大数据时代的新型"编写、使用、反馈"螺旋式上升的系列教材建设样板。

汕头大学校长
教育部高等学校大学数学课程教学指导委员会副主任委员
"泰迪杯"数据挖掘挑战赛组织委员会主任
"泰迪杯"数据分析技能赛组织委员会主任

2021年7月于粤港澳大湾区

深度学习作为一种机器学习算法,在最近十几年取得了很大的进展,在图像识别、图像分割、目标检测、自然语言理解、机器翻译、目标生成等领域都取得了比传统的机器学习算法好得多的效果。深度学习技术的研究和开发,离不开深度学习框架。作为目前应用最为广泛的深度学习框架之一,Keras 提供了一致且简单的 API,最大限度地减少用户操作,并提供清晰的错误消息。然而,目前市场上与 Keras 深度学习相关的书籍,要么太过理论化,只讲深度学习相关理论;要么只讲 Keras 的语法,没有深度学习的理论背景。另外,市场上与 Keras 深度学习相关的书籍大都比较厚且比较贵,不适合作为高校教材。为了解决以上问题,全面贯彻党的二十大精神,编者特地编写本书,以新时代中国特色社会主义思想、社会主义核心价值观为引领,加强基础研究、发扬斗争精神,为建成社会主义文化强国、数字强国添砖加瓦,深入浅出地介绍使用 Keras 进行深度学习的重要理论和实践内容,从而让有一定 Python 编程基础的读者快速入门深度学习技术。

本书特色

- 理论与实战结合。本书以使用 Keras 框架实现深度学习的方法为主线,针对各类常见的深度神经网络,不仅使用图形和公式详细介绍其对应的原理,还介绍其对应的 Keras 的实现。
- 以应用为导向。本书针对深度学习的常见应用,如目标检测、文本生成和图像风格转换等,详细讲解了背景、原理以及案例的具体流程,让读者明确如何利用所学知识来解决问题。通过实训和课后习题巩固所学知识,读者可以真正理解并能够应用所学知识。
- 注重启发式教学。本书大部分章以一个例子为开端,注重对读者思维的启发与解决方案的实施。通过对深度学习任务的全流程的体验,读者可以真正理解并掌握深度学习的相关技术。

本书适用对象

- 开设深度学习或人工智能等相关课程的高校的学生。
- 深度学习应用的开发人员。
- 进行深度学习应用研究的科研人员。

代码下载及问题反馈

为了帮助读者更好地使用本书，本书配有原始数据文件、Python 代码，以及 PPT 课件、教学大纲、教学进度表和教案等教学资源，读者可以从泰迪云教材网站免费下载，也可登录人邮教育社区（www.ryjiaoyu.com）下载。同时欢迎教师加入 QQ 交流群"人邮大数据教师服务群"（669819871）进行交流探讨。

由于编者水平有限，书中难免出现一些疏漏和不足之处。如果读者有更多的宝贵意见，欢迎在"泰迪学社"微信公众号（TipDataMining）回复"图书反馈"进行反馈。更多本系列图书的信息可以在泰迪云教材网站查阅。

编 者
2023 年 7 月

泰迪云教材

目 录

第1章 深度学习概述 …………………… 1
1.1 深度学习简介 …………………………… 1
1.1.1 深度学习的定义 …………………… 1
1.1.2 深度学习常见应用 ………………… 2
1.2 深度学习与应用领域 …………………… 9
1.2.1 深度学习与计算机视觉 …………… 9
1.2.2 深度学习与自然语言处理 ………… 10
1.2.3 深度学习与语音识别 ……………… 11
1.2.4 深度学习与机器学习 ……………… 11
1.2.5 深度学习与人工智能 ……………… 12
1.3 Keras 简介 ……………………………… 13
1.3.1 各深度学习框架对比 ……………… 13
1.3.2 Keras 与 TensorFlow 的关系 ……… 15
1.3.3 Keras 常见接口 …………………… 15
1.3.4 Keras 特性 ………………………… 17
1.3.5 Keras 安装 ………………………… 17
1.3.6 Keras 中的预训练模型 …………… 20
小结 …………………………………………… 22
课后习题 ……………………………………… 23

第2章 Keras 深度学习通用流程 ……… 24
2.1 基于全连接网络的手写数字识别
    实例 ……………………………………… 24
2.2 数据加载与预处理 ……………………… 28
2.2.1 数据加载 …………………………… 28
2.2.2 数据预处理 ………………………… 31
2.3 构建网络 ………………………………… 39

2.3.1 模型生成 …………………………… 39
2.3.2 核心层 ……………………………… 40
2.3.3 自定义层 …………………………… 47
2.4 训练网络 ………………………………… 51
2.4.1 优化器 ……………………………… 51
2.4.2 损失函数 …………………………… 54
2.4.3 训练方法 …………………………… 60
2.5 性能评估 ………………………………… 64
2.5.1 性能监控 …………………………… 64
2.5.2 回调检查 …………………………… 69
2.6 模型的保存与加载 ……………………… 77
实训1 利用 Keras 进行数据加载与
    增强 ……………………………………… 79
实训2 利用 Keras 构建网络并训练 …… 80
小结 …………………………………………… 80
课后习题 ……………………………………… 81

第3章 Keras 深度学习基础 …………… 82
3.1 卷积神经网络基础 ……………………… 82
3.1.1 卷积神经网络中的常用网络层 …… 83
3.1.2 基于卷积神经网络的手写数字识别
    实例 ………………………………… 96
3.1.3 常用卷积神经网络算法及其结构 … 99
3.2 循环神经网络 …………………………… 106
3.2.1 循环神经网络中的常用网络层 …… 108
3.2.2 基于循环神经网络和 Self Attention
    网络的新闻摘要分类实例 ………… 123

3.3 生成对抗网络……………………131
　3.3.1 常用生成对抗网络算法及其结构……131
　3.3.2 基于生成对抗网络的手写数字生成
　　　　实例………………………………135
实训1 卷积神经网络…………………150
实训2 循环神经网络…………………151
实训3 生成对抗网络…………………151
小结………………………………………152
课后习题…………………………………152

第4章 基于RetinaNet的目标检测…………154

4.1 算法简介与目标分析…………………154
　4.1.1 背景介绍…………………………154
　4.1.2 目标检测算法概述………………155
　4.1.3 目标检测相关理论介绍…………156
　4.1.4 分析目标…………………………158
　4.1.5 项目工程结构……………………158
4.2 数据准备………………………………159
　4.2.1 数据集下载………………………159
　4.2.2 图像预处理………………………160
　4.2.3 数据集编码………………………166
　4.2.4 数据集管道设置…………………171
4.3 构建网络………………………………171
　4.3.1 RetinaNet的网络结构……………172
　4.3.2 构建RetinaNet……………………173
4.4 训练网络………………………………177
　4.4.1 定义损失函数……………………177
　4.4.2 训练网络…………………………180
　4.4.3 加载模型测试点…………………181
4.5 模型预测………………………………182
　4.5.1 进行解码与非极大值抑制处理…182
　4.5.2 预测结果…………………………184
实训 使用VOC2007数据集训练和
　　　测试RetinaNet……………………186

小结………………………………………186
课后习题…………………………………186

第5章 基于LSTM网络的诗歌生成…………187

5.1 目标分析………………………………187
　5.1.1 背景介绍…………………………187
　5.1.2 分析目标…………………………188
　5.1.3 项目工程结构……………………189
5.2 文本预处理……………………………189
　5.2.1 标识诗句结束点…………………189
　5.2.2 去除低频词………………………190
　5.2.3 构建映射…………………………191
5.3 构建网络………………………………191
　5.3.1 设置配置项参数…………………191
　5.3.2 生成训练数据……………………192
　5.3.3 构建LSTM网络…………………194
5.4 训练网络………………………………194
　5.4.1 查看学习情况……………………194
　5.4.2 生成诗句…………………………195
　5.4.3 训练网络…………………………196
5.5 结果分析………………………………197
实训 基于LSTM网络的文本生成……199
小结………………………………………199
课后习题…………………………………199

第6章 基于CycleGAN的图像风格转换…………200

6.1 目标分析………………………………200
　6.1.1 背景介绍…………………………200
　6.1.2 分析目标…………………………201
　6.1.3 项目工程结构……………………201
6.2 数据准备………………………………203
6.3 构建网络………………………………205
　6.3.1 定义恒等映射网络函数…………206

6.3.2 定义残差网络函数·············207
6.3.3 定义生成器函数·············208
6.3.4 定义判别器函数·············211
6.4 训练网络······················212
6.4.1 定义训练过程函数···········212
6.4.2 定义生成图像函数···········214
6.5 结果分析······················215
实训 基于 CycleGAN 实现莫奈画作
与现实风景图像的风格转换····217
小结·······························217
课后习题··························218

第 7 章 基于 TipDM 大数据挖掘建模平台实现诗歌生成·········219

7.1 平台简介······················219
7.1.1 共享库······················220
7.1.2 数据连接····················220
7.1.3 数据集······················221
7.1.4 我的工程····················222
7.1.5 个人组件····················224
7.2 实现诗歌生成·················224
7.2.1 配置数据源··················225
7.2.2 文本预处理··················227
7.2.3 构建网络····················227
7.2.4 训练网络····················230
7.2.5 结果分析····················234
实训 实现基于 TipDM 大数据挖掘
建模平台的文本生成·········235
小结·······························236
课后习题··························236

第 1 章 深度学习概述

深度学习起源于对人工智能的研究,其最终目标是让机器能够像人一样具有分析和学习能力,以及能够识别文字、图像和声音等数据。深度学习本身是一种机器学习算法,但是深度学习在各领域的优良表现使其受到了广泛的关注,并有形成一门独立学科的趋势。深度学习能够让机器模仿(如视听、思考等)人类行为活动,这种模仿的本质是不断寻找一个可以拟合出输入数据和输出结果间关系的函数。这种拟合函数能够解决很多复杂的模式识别难题,使得人工智能相关技术取得了很大进步。本章介绍深度学习与计算机视觉、自然语言处理、语音识别、机器学习、人工智能等应用领域的必要背景知识,以及 Keras 深度学习框架的基本内容。

学习目标

(1)了解深度学习的基本定义。
(2)了解深度学习常见应用。
(3)了解深度学习与应用领域的关系。
(4)熟悉深度学习框架 Keras 的常见接口、特性。
(5)掌握深度学习框架 Keras 的安装方法。

1.1 深度学习简介

深度学习目前在很多领域的表现都优于传统的机器学习算法,在图像分类与识别、语音识别与合成、人脸识别、视频分类与行为识别等领域都有着不俗的表现。除此以外,深度学习还涉及与生活相关的纹理识别、行人检测、场景标记、门牌识别等场景。

人脸识别采用深度学习算法后,其分类精度超过了目前非深度学习算法以及人眼能够达到的分类精度。深度学习技术在语音识别领域更是取得了突破性的进展,在大规模图像分类问题上的效率也远超传统算法。

1.1.1 深度学习的定义

2006 年,杰弗里·欣顿(Geoffrey Hinton)等人在顶尖学术刊物《科学》上发表了一篇文章。该文章提出了深度网络训练中梯度消失问题的解决方案:首先使用无监督预训练对权重进行初始化，然后使用有监督训练微调权重。

2012 年，拥有 8 层网络的深度神经网络 AlexNet 在图片识别竞赛中取得了优异的成绩，展现了深度神经网络强大的学习能力。此后数十层、数百层，甚至上千层的深度神经网络模型被相继提出。通常将利用深度神经网络实现的算法称为深度学习。

深度学习的核心在于自动将简单的特征组合成更加复杂的特征，并使用这些特征解决问题。深度学习是机器学习的一个分支，它除了可以学习特征和任务之间的关联之外，还能自动从简单特征中提取更加复杂的特征。

虽然深度学习在研发之初受到了大脑工作原理的很多启发，但是现代深度学习的发展并不拘泥于模拟人脑神经元和人脑的工作机制。现代的深度学习已经超越了神经科学的观点，它可以更广泛地适用于各种并非受到神经网络启发而产生的机器学习框架。

1.1.2 深度学习常见应用

深度学习在图像分类、图像分割、图像生成、图像说明生成（图像理解）、图像风格转换、物体检测、物体测量、物体分拣、视觉定位、情感分析、无人驾驶、机器翻译、文本到语音转换、手写文字转录、智能问答系统等方面均有应用。这些深度学习的应用与人们的日常生活息息相关，如手机中的语音助手、汽车上的智能辅助驾驶、商店里的人脸支付等。

1. 图像分类

图像分类的核心是从给定的分类集合中，为图像分配一个标签。实际上，图像分类是指分析一个输入图像并返回一个将图像分类的标签。标签总是来自预定义的分类集合。深度学习算法可以实现对猫的图像的分类，如图 1-1 所示。

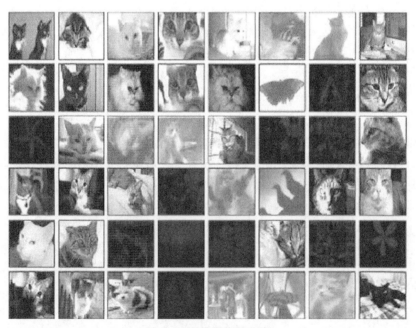

图 1-1　猫的图像的分类

2. 图像分割

图像分割就是指能将图像分割成若干个特定的、具有独特性质的区域，并提出感兴趣目标的技术和过程，它是介于图像处理与图像分析之间的关键步骤。现有的图像分割方法主要分为4类：基于阈值的分割方法、基于区域的分割方法、基于边缘的分割方法和基于特定理论的分割方法。图像分割的过程是将数字图像划分成互不相交的区域的过程。图像分割的过程也是一个标记过程，即为属于同一区域的像素赋予相同的编号。图像分割对街道车辆图像进行分割的结果如图1-2所示。

图 1-2 图像分割

3. 图像生成

有一种新的技术能实现不需要另外输入任何图像，只要前期使用大量的真实图像让网络进行学习，即可由网络自动生成新的图像。目前常见的生成模型有变分自编码器（Variational Auto-Encoder，VAE）系列、生成对抗网络（Generative Adversarial Network，GAN）系列等。其中生成对抗网络系列算法近年来取得了巨大的进展，最新的生成对抗网络模型生成的图像效果达到了人眼难辨真伪的程度。图1-3所示的是为网络提供的真实图像，网络根据真实图像生成的新图像如图1-4所示。

图 1-3 为网络提供的真实图像

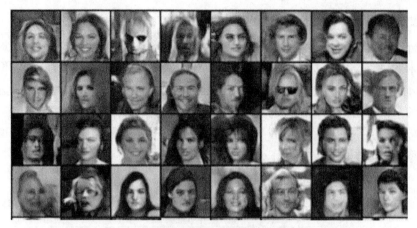

图 1-4　网络根据真实图像生成的新图像

4．图像说明生成

神经图像说明（Neural Image Caption，NIC）模型会自动生成输入图像的介绍性文字。该模型由深度的卷积神经网络（Convolutional Neural Network，CNN）和基于自然语言处理的循环神经网络（Recurrent Neural Network，RNN）构成。卷积神经网络提取图像特征，循环神经网络生成文本。输入图 1-5 所示的原图像，NIC 模型可以生成诸如"一个男人和一个女孩坐在地上吃""一个男人和一个小女孩正坐在人行道上吃，附近有一个蓝色的袋子""一个男人穿着一件黑色的衬衫和一个穿着橙色礼服的小女孩分享一种美食"等标题。

图 1-5　原图像

5．图像风格转换

图像风格转换利用了卷积神经网络可以提取高层特征的功能，不在像素级别进行损失函数的计算，而是将原图像和生成图像都输入到一个已经训练好的神经网络里，在得到的某种特征表示上计算欧氏距离（内容损失函数）。这样得到的图像与原图像内容相似，但像素级别不一定相似，且所得图像更具鲁棒性。输入两幅图像，网络会生成一幅新的图像。两幅输入图像中，一幅称为"内容图像"，如图 1-6 所示；另一幅称为"风格图像"，如图 1-7 所示。如果将风格图像的绘画风格应用于内容图像上，那么深度学习网络会按照要求绘制出该风格的图像，如图 1-8 所示。

图 1-6　内容图像　　　图 1-7　风格图像　　　图 1-8　输出图像

6. 物体检测

物体检测就是从图像中确定物体的位置，并对物体进行分类。根据骑行图像对骑行者进行检测，如图 1-9 所示。

图 1-9　物体检测

物体检测是机器视觉技术最主要的应用之一，例如为建立大安全大应急框架，完善公共安全体系，对汽车违规行驶的检测，为了保障行车、行人的安全而在路口安装的交通检测系统，用于检测司机是否存在驾驶速度超过限制，违规变道，闯红灯，遮挡车牌，没系安全带等违规行为，提高公共安全治理水平。

人工检测存在着较多的弊端，如准确率低，长时间工作时，人工的准确率更无法保障；检测速度慢，容易出现错判和漏判。因此，机器视觉技术在物体检测的应用方面也就显得非常重要。

物体检测比物体识别更难。原因在于物体检测需要从图像中确定物体的位置，有时图像中可能存在多个物体。对于这样的问题，人们提出了多种基于卷积神经网络的算法，这些算法有着非常优秀的性能。

在使用卷积神经网络进行物体检测的算法中，区域卷积神经网络（Region-Convolutional Neural Network，R-CNN）被较早地运用在物体检测上，因此该算法较为成熟。R-CNN 算法在提高训练和测试的速度的同时也提高了检测精度。

7. 物体测量

在日常生活中，物体测量通常是对物体的质量、长度、高度、体积等进行测量。在机器视觉领域，通常使用光的反射进行非接触测量，如图 1-10 所示，某款手机使用非接触光学测量方法对桌子进行测量。物体测量技术还多用于工业方面，主要对汽车零部件、齿轮、半导体元件管脚等进行测量。

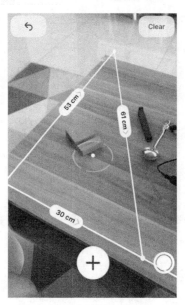

图 1-10 非接触光学测量

8. 物体分拣

物体分拣是在检测、识别之后进行的一个环节，通过机器视觉技术对图像中的目标进行检测和识别，实现自动分拣，如图 1-11 所示。在工业领域，物体分拣常用于食品分拣、表面瑕疵零件自动分拣、棉花纤维分拣等。同时，物体分拣在物流、仓库中的运用更为广泛。在分拣过程中，机器按照物品种类、物品大小、出入库的先后顺序等对物体进行分拣。

图 1-11 物体分拣

9. 视觉定位

视觉定位要求机器能够快速、准确地找到被测零件并确认其位置，如图 1-12 所示。在半导体封装领域，设备需要通过机器视觉技术取得的芯片位置信息调整拾取头，准确拾取芯片并进行绑定。这就是视觉定位在机器视觉工业领域的基本应用。

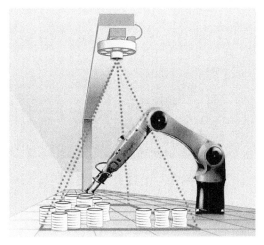

图 1-12　视觉定位

10．情感分析

情感分析的核心就是从一段文字中判断作者对主体的评价是好还是差。针对通用场景下带有主观描述的中文文本，深度学习算法可以自动判断该文本的情感极性并给出相应的置信度。情感极性分为积极、消极、中性或更多维的情绪。情感分析的例子如图 1-13 所示。

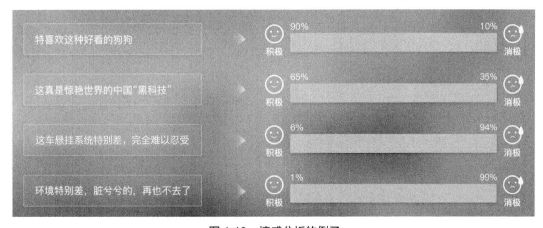

图 1-13　情感分析的例子

11．无人驾驶

无人驾驶被认为是深度学习在短期内能实现技术落地的一个应用方向，很多公司投入大量资源在无人驾驶上，百度的无人巴士"阿波龙"已经在北京、武汉等地展开试运营。无人驾驶的行车视野如图 1-14 所示，无人驾驶主要利用深度学习算法，结合传感器来指挥和操纵车辆，从而构建一个完全智能调度的移动出行网络。

图 1-14　无人驾驶的行车视野

12．机器翻译

常用的机器翻译模型有 Seq2Seq、BERT、GPT、GPT-2 等。OpenAI 公司提出的 GPT-2 模型参数量高达 15 亿，发布之初甚至以技术安全考虑为由拒绝开源 GPT-2 模型。

目前深度学习在机器翻译领域取得了很大的进步，如我国坚持科技自立自强，科大讯飞的翻译机支持多语种（英语、日语、韩语、西班牙语、法语等）离线翻译、拍照翻译，并且也能顺利翻译四川话、河南话、东北话、山东话等方言。除了日常的对话外，翻译机还可以用于行业领域的翻译，如外贸、能源、法律、体育、电力、医疗、金融、计算机等行业领域。科大讯飞翻译机如图 1-15 所示，其实时翻译记录如图 1-16 所示。

图 1-15　科大讯飞翻译机　　　图 1-16　科大讯飞实时翻译记录

13．文本到语音转换

从文本中生成人类的语音，通常被称为文本到语音转换（Text To Speech，TTS），它有许多的应用，是语音驱动的设备、导航系统和视力障碍者设备中不可缺少的工具。从根本上说，文本到语音转换能让人在不需要视觉交互的情况下与技术进行互动。百度研究院发布的 Deep Voice 是一个文本到语音转换系统，完全由深度神经网络构建。文本到语音转换将自然语言的文本很流畅、自然地变为语音,也因此出现了语音小说。

14. 手写文字转录

手写文字转录是指自动识别用户手写的文字,并将其直接转化为计算机可以识别的文字。用户手写文字字形的提取,包括利用文本行的水平投影进行行切分,以及利用文本行的垂直投影进行字切分,然后将提取的用户手写文字字形特征向量与计算机文字的字形特征向量进行匹配,并建立用户手写体与计算机字体的对应关系,生成计算机可识别的文字。

15. 智能问答系统

由于网络在日常生活的应用,用户可以足不出户地在手机上完成购物、缴费等,但是这些行为带来了沟通不便的问题,例如用户在缴纳手机话费时,不清楚账单里的扣费详情。因此基于深度学习和自然语言处理(Natural Language Processing,NLP)的智能问答系统受到了广泛的关注。用户在智能问答系统中输入问题,智能问答系统提取问题中的关键字,然后输出与关键字相关的答案,这样能极大程度地减少人力和物力的投入。

1.2 深度学习与应用领域

深度学习兴起于图像识别,但是在短短几年时间内,深度学习就被推广到了机器学习的各个领域。如今,深度学习在很多领域都有非常出色的表现,这些领域包括计算机视觉、自然语言处理、语音识别等。深度学习在这些领域的应用,使这些领域迎来了高速发展期。

1.2.1 深度学习与计算机视觉

计算机视觉是深度学习技术最早取得突破性成就的领域。在 2010 年到 2011 年间,基于传统机器学习的算法并没有带来正确率(预测正确的样本数量占总样本数量的比例)的大幅度提升,在 2012 年的 ImageNet 大规模视觉识别竞赛(ImageNet Large Scale Visual Recognition Challenge,ILSVRC)中,杰弗里·欣顿教授带领的研究小组利用深度学习技术,在 ImageNet 数据集上将图像分类的错误率(预测错误的样本数量占总样本数量的比例)下降到 16%。在 2012 年到 2015 年间,通过对深度学习算法的不断研究,深度学习在 ImageNet 数据集上实现图像分类的错误率以较大的幅度递减,这说明深度学习突破了传统机器学习算法在图像分类上的技术瓶颈,图像分类问题得到了更好的解决。

在 ImageNet 数据集上,深度学习不仅突破了图像分类的技术瓶颈,也突破了物体识别的技术瓶颈。相对于图像分类,物体识别的难度更高。图像分类问题只需判断图像中包含哪一种物体,但在物体识别问题中,需要给出图像中所包含物体的具体位置,而且一幅图像中可能出现多个需要识别的物体,所有可以被识别的物体都需要用不同的方框标注出来。

在物体识别领域中,人脸识别是应用非常广泛的技术,它既可以应用于娱乐行业,又可以应用于安防、风控领域。在娱乐行业中,基于人脸识别的相机自动对焦、自动美颜等功能已经成为每一款拍照软件的必备功能。在安防、风控领域，人脸识别的应用更是大大地提高了工作效率并节省了人力成本。例如，在互联网金融行业，为了控制贷款风险，在用户注册或贷款发放时需要验证个人信息，个人信息验证中一个很重要的步骤是验证用户提供的证件照和用户是否一致，通过人脸识别技术，这个步骤可以被更为高效地实现。

在计算机视觉领域，光学字符识别（Optical Character Recognition，OCR）也较早地使用了深度学习技术。早在1989年，卷积神经网络就已经成功应用到识别手写邮政编码的问题上，实现了接近95%的正确率。在MNIST手写体数字识别数据集上，最新的深度学习算法可以实现99.77%的正确率，甚至超过了人类的表现。

光学字符识别的深度学习技术在金融界的应用十分广泛，在21世纪初期，杨立昆（Yann LeCun）教授将基于卷积神经网络的手写体数字识别系统应用于银行支票的数额识别，并取得了很好的效果。数字识别技术也可以应用到地图的开发中，有的公司实现的数字识别系统可以从街景图中识别任意长度的数字，并在街景门牌号数据集（Street View House Number，SVHN）数据集上实现96%的正确率。除此之外，文字识别技术可以将扫描的图书数字化，从而实现图书内容的搜索功能。

1.2.2 深度学习与自然语言处理

自然语言处理是计算机科学中令人兴奋的领域，它涉及人类的交流信息。自然语言处理包含机器理解、解释和生成人类语言的方法，有时它也被描述为自然语言理解（Natural Language Understanding，NLU）和自然语言生成（Natural Language Generation，NLG）。传统的自然语言处理采用基于语言学的方法，其模型是基于语言的基本语义和句法元素（如词性）构建的。现代深度学习算法可避开对中间元素的需求，并且可以针对通用任务学习其自身的层次表示。

1966年，自动语言处理咨询委员会在报告中强调了机器翻译从流程到实施成本面临的巨大困难，导致投资方减少了在资金方面的投资，使得自然语言处理的研究几乎停滞。1960年到1970年这十年是世界知识研究的一个重要时期，该时期强调语义而非句法结构，在这个时代，研究人员着重于探索名词和动词之间的语法。这期间出现了处理短语的增强过渡网络，以及以自然语言回答的语言处理系统SHRDLU，随后又出现了LUNAR系统，即一个将自然语言理解与基于逻辑的系统相结合的问答系统。在20世纪80年代初期，自然语言处理步入了基于语法研究自然语言的阶段，语言学家开发了不同的语法结构，并开始将表示用户意图的短语关联起来，开发出许多自然语言处理工具，如SYSTRAN、METEO系统等，在翻译、信息检索中被大量使用。

20世纪90年代是统计语言处理时代，在大多数基于自然语言处理的系统中，使用了许多新的处理数据的方法，例如使用语料库或基于概率和分类的方法处理语言数据。

21世纪初，在自然语言学习会议上，出现了许多有趣的自然语言处理研究，例如分块、命名实体识别和依赖解析等。在此期间，一系列成果得以诞生，如约书亚·本吉奥（Yoshua Bengio）等人提出的第一个神经语言模型，使用查找表来预测单词。随后，许多基于递归神经网络和长短时记忆模型被自然语言处理广泛使用，其中帕宾（Papineni）等人提出的双语评估模型直到今天仍为机器翻译的度量标准。

此后出现的多任务学习技术使得机器可以同时学习多个任务，通过学习大量数据集获得的效率，多任务学习技术密集的表示形式能够捕获各种语义和关系，从而可以完成诸如机器翻译之类的各种任务，并能够以无监督的方式实现"转移学习"。米科洛夫（Mikolov）等人提高了本吉奥提出的训练词嵌入效率，并通过移除隐藏层开发出 Word2Vec 模型，该模型可以在给定附近单词的情况下准确预测中心单词。

随后出现的基于序列学习的通用神经框架，由编码器神经网络处理输入序列，由解码器神经网络根据输入序列状态和当前输出状态来预测输出。其在机器翻译和问题解答方面都取得了不错的应用效果。

1.2.3 深度学习与语音识别

深度学习在语音识别领域取得的成绩也是突破性的。2009 年，深度学习算法被引入语音识别领域，并对该领域产生了巨大的影响。TIMT 数据集为 630 个人说的 10 个给定的句子，每一个句子都有标记，在此数据集上基于传统的混合高斯模型（Gaussian Mixed Model，GMM）的错误率为 21.7%，而使用深度学习模型后错误率从 21.7%降低到 17.9%。错误率降低的幅度很快引起了学术界和工业界的广泛关注。从 2010 年到 2014 年，在语音识别领域的两大学术会议 IEEE ICASSP 和 INTERSPEECH 上，深度学习的文章呈现出逐年递增的趋势。

在工业界，许多国内外大型 IT 公司开始提供与语音识别相关的产品。2009 年，有 IT 公司启动语音识别的应用，使用的是混合高斯模型。到 2012 年，基于深度学习的语音识别模型已取代混合高斯模型，并成功将语音识别的错误率降低了 20%，这个改进幅度超过了过去很多年的总和。基于深度学习的语音识别被应用到了各个领域，其中最广为人知的是苹果公司推出的 Siri 系统。Siri 系统可以对用户的语音输入进行识别并完成相应的操作，这在很大程度上方便了用户的使用。目前，Siri 系统支持包括汉语在内的 20 多种不同的语言。

另外一个成功应用语音识别的系统是微软公司的同声传译系统。在 2012 年的"二十一世纪的计算"国际学术研讨会上，微软公司高级副总裁理查德·拉什德（Richard Rashid）现场演示了微软公司开发的从英语到汉语的同声传译系统。同声传译系统不仅要求计算机能够对输入的语音进行识别，而且要求计算机将识别出来的结果翻译成另外一门语言，并将翻译好的结果通过语音合成的方式输出。在深度学习诞生之前，完成同声传译系统中的任意一个部分都是非常困难的。而随着深度学习的出现和发展，语音识别、机器翻译以及语音合成都实现了巨大的技术突破。如今，微软公司研发的同声传译系统已经被成功地应用到 Skype 网络电话中。

1.2.4 深度学习与机器学习

为了更好地理解深度学习（Deep Learning，DL）和机器学习（Machine Learning，ML）的关系，图 1-17 很好地展示了二者之间的关系。深度学习是机器学习的一个子领域，它除了可以学习特征和任务之间的关联以外，还能自动从简单特征中提取更加复杂的特征。

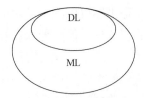

图 1-17 深度学习和机器学习的关系

人工智能助推现代产业发展，构建新一代信息技术、人工智能等一批新的增长引擎。机器学习是人工智能（Artificial Intelligence，AI）的一个子领域，近期相关技术很流行。与人工智能一样，机器学习不是一种替代技术，而是对传统程序方法的补充。传统程序是根据输入，编写一套规则，从而获得理想的输出；而机器学习是根据输入与输出编写算法，最终获得一套规则。传统程序和机器学习的流程对比如图 1-18 所示。

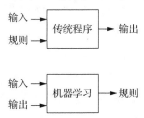

图 1-18 传统程序和机器学习的流程对比

大多数机器学习在结构化数据的处理上表现良好。影响机器学习效果的一个重要环节是特征工程，数据科学家需要花费大量时间来构建合适的特征，从而使机器学习算法能够正常执行且取得满意的效果。但在某些领域，例如自然语言处理的特征工程则面临着高维度问题的挑战。在面对高维度问题时，使用典型的机器学习技术（例如线性回归，随机森林等）来解决就非常具有挑战性。

深度学习是机器学习的一个特殊分支，传统的机器学习算法通过手动提取特征的方法来训练算法，而深度学习算法能够自动提取特征进行训练。例如，利用深度学习算法来预测图像是否包含面部特征，从而实现对面部特征的提取。其中，深度学习网络第一层检测图像的边缘，第二层检测形状（例如鼻子和眼睛），最后一层检测面部形状或更复杂的结构。每层都基于上一层的数据表示进行训练。

随着图形处理单元（Graphics Processing Unit，GPU）、大数据以及诸如 Torch、TensorFlow、Caffe 和 PyTorch 等深度学习框架的兴起，深度学习的应用在过去几年中得到了极大的发展。除此之外，大公司开源在庞大数据集上训练的模型，帮助初创企业较为轻松地在多个用例上构建先进的系统。

1.2.5 深度学习与人工智能

人工智能是计算机科学的一个分支，它企图了解智能的本质，并生产一种新的、能以与人类智能相似的方式做出反应的机器，对模拟、延伸和扩展人类智能的理论、方法和技术进行研究与开发，是一门技术科学。

人工智能目前可以按学习能力分为弱人工智能、强人工智能和超人工智能。

（1）弱人工智能（Artificial Narrow Intelligence，ANI），只专注于完成某个特定的任务，是擅长如语音识别、图像识别或翻译等某一方面的人工智能。弱人工智能用于解决特定的、具体的问题，是大都基于统计数据，并以此构建出的模型。由于弱人工智能只能处理较为单一的问题，且并没有达到模拟人脑思维的程度，因此弱人工智能仍然属于"工具"的范畴，与传统的"产品"在本质上并无区别。

（2）强人工智能（Artificial General Intelligence，AGI），属于人类级别的人工智能。强人工智能在各方面都能和人类比肩，它能够进行思考、计划、解决问题、抽象思维、理解复杂理念、快速学习和从经验中学习等，并且和人类一样得心应手。

（3）超人工智能（Artificial Super Intelligence，ASI），在几乎所有领域都比最聪明的人脑还要聪明许多，包括科学创新、认识和社交技能等。在超人工智能阶段，人工智能已经跨过"奇点"，其计算和思维能力已经远超人脑。此时的人工智能已经不是人类可以理解和想象的。人工智能将打破人脑受到的维度限制，其所观察和思考的内容，人脑已经无法理解。这样的人工智能将引起巨大的社会变革。

可以说，人工智能的根本在于智能，而机器学习则是部署支持人工智能的计算方法，深度学习是实现机器学习的一种技术。

1.3 Keras 简介

Keras 是由 Python 编写而成的框架，可以作为 TensorFlow、Theano 以及 CNTK 的高层应用程序接口（Application Program Interface，API）。Keras 在 2015 年正式宣布开源，是众多深度学习框架中较为容易使用的一个。

1.3.1 各深度学习框架对比

在深度学习中，TensorFlow、PyTorch、CNTK、MXNet、PaddlePaddle 都属于常用的框架。这些深度学习框架被应用于计算机视觉、自然语言处理、语音识别、机器学习等多个领域。

各类框架的特点如表 1-1 所示。

表 1-1　各类框架的特点

框架	优点	缺点
TensorFlow	设计的神经网络代码简洁，分布式深度学习算法的执行效率高，部署模型便利，迭代更新速度快，社区活跃程度高	非常底层，需要编写大量的代码，入门比较困难。必须一遍又一遍重新发明"轮子"，系统设计过于复杂
PyTorch	上手简单、功能强大，支持动态计算图，能处理长度可变的输入和输出	API 整体设计粗糙，部分错误难以找到解决方案

续表

框架	优点	缺点
CNTK	通用、跨平台，支持多机、多 GPU 分布式训练，训练效率高，部署简单，性能突出，擅长语音方面的相关研究	目前不支持 ARM 架构，限制了其在移动设备上的发挥，社区不够活跃
MXNet	支持的编程语言最多，支持大多数编程语言，适合 AWS 平台使用	文档略显混乱
PaddlePaddle	易用、高效、灵活、可扩展，代码和设计更加简洁	主要偏向于应用，资源还不是特别丰富
Keras	语法明晰，文档友好，使用简单，入门容易	依赖后端，速度较慢，占用 GPU 内存比较多

1. TensorFlow

2015 年，全新的机器学习开源框架 TensorFlow 基于深度学习基础框架 DistBelief 构建而成，主要用于机器学习和深度神经网络。它一经推出就获得了较大的成功，并迅速成为用户使用最多的深度学习框架之一。TensorFlow 2.0 正式版于 2019 年推出。而 TensorFlow 的两个大版本之间各有优势，1.x 版本使用静态图进行运算，计算速度会比使用动态图的 2.x 版本更快，但是使用 2.x 版本搭建网络的过程比使用 1.x 版本简单。

因为 TensorFlow 由专业人员进行开发、维护，所以该框架有着良好的发展性。同时，Tensorflow 还拥有众多底层、高层接口，功能十分丰富。但是，由于 TensorFlow 发展过快，产生了接口、文档混乱的问题。

2. PyTorch

PyTorch 框架于 2017 年 1 月在 GitHub 上开源，迅速成为 GitHub 热度榜的榜首。PyTorch 的特点是生态完整和接口易用，使之成为当下最流行的动态框架之一。2018 年 Caffe2 正式并入 PyTorch 后，PyTorch 的发展势头更加强劲。PyTorch 框架因上手简单、功能强大、可以非常快速地验证研究思路而广受研究人员的青睐。

PyTorch 使用的是动态图，运行效率比较低，没有使用静态图的框架运行效率高；同时，其在工业界部署时比较麻烦。

3. CNTK

CNTK 是微软公司开发的深度学习框架，目前已经发展成一个通用的、跨平台的深度学习系统，在语音识别领域的应用尤其广泛。CNTK 拥有丰富的神经网络组件，使用户不需要编写底层的 C++或 CUDA，就能通过组合这些组件设计新的、复杂的层。

同样，CNTK 也支持 CPU 和 GPU 两种开发模式。CNTK 以计算图的形式描述结构，叶子节点代表输入或者网络参数，其他节点代表计算步骤。CNTK 也拥有较高的灵活度，支持通过配置文件定义网络结构，支持通过命令行和程序执行训练，支持构建任意的计算图，支持 AdaGrad、RmsProp 等优化方法。

4. MXNet

MXNet 是一个深度学习框架，支持主流的开发语言，比如 C++、Python、R、MATLAB、JavaScript 等，支持命令行和程序，可以运行在 CPU、GPU 上。它的优势在于使用同样的模型 MXNet 占用的内存和显存更小，在分布式环境下其优势更为明显。

为了完善 MXNet 的生态圈，其先后推出支持 MinPy、Keras 等的接口，但目前已经停止更新。MXNet 的特点是分布式性能强大、支持丰富的开发语言，但其文档完整性不够，稍显混乱。

5. PaddlePaddle

强化企业科技创新主体地位，发挥科技型骨干企业引领支撑作用。百度的 PaddlePaddle（飞桨）是一个易用、高效、灵活、可扩展的深度学习框架，支持命令式编程模式，即动态图功能。原生推理库性能经过显著优化，轻量级推理引擎实现了对硬件支持的极大覆盖，支持 CUDA 下多线程多流；TRI 子图支持动态 shape 输入，并强化了量化推理；对支持芯片的覆盖度广，包括 RK、MTK、百度昆仑、寒武纪、比特大陆、华为 NPU，并提升了模型数量和性能。

PaddlePaddle 的开发套件非常全面，内容涵盖各个领域和方向，具体如下。

计算机视觉领域：图像分割（PaddleSeg）、目标检测（PaddleDetection）、图像分类（PaddleClas）、海量类别分类（PLSC）、文字识别（PaddleOCR）。

自然语言领域：语义理解（ERNIE）。

语音领域：语言识别（DeepSpeech）、语音合成（Parakeet）。

推荐领域：弹性计算推荐（ElasticCTR）。

其他领域：图学习框架（PGL）、深度强化学习框架（PARL）。

1.3.2 Keras 与 TensorFlow 的关系

Keras 1.1.0 以前的版本主要使用 Theano 作为后端，这是因为 Keras 本身并不具备底层运算能力，所以需要具备这种能力的后端协同工作。在 TensorFlow 诞生后，Keras 开始支持 TensorFlow 作为后端。因为 TensorFlow 受欢迎程度的提高，Keras 选择将 TensorFlow 作为其默认后端。Keras 的特性之一就是可以改变后端，从一个后端训练并保存的模型可以在其他后端加载和运行。

在 TensorFlow 2.0 发布时，Keras 成为 TensorFlow 的官方 API，即 tf.keras。该 API 用于实现快速的模型设计和训练。随着 Keras 2.3.0 的发布，其作者声明：这是 Keras 首个与 tf.keras 同步的版本；这也是最后一个支持多个后端（如 Theano、CNTK）的版本。

1.3.3 Keras 常见接口

Keras 设计的主旨是最大限度地减少常见使用案例所需的用户操作次数，并提供清晰且可操作的错误消息，因此，Keras 封装了许多简单易用的 API。

1. Models API

Keras 的核心结构是模型和层，而模型接口（Models API）就是用来构建模型的。在

Keras 与深度学习实战

Models API 中主要提供了函数式方法、继承 Model 类的方法和序贯式方法这 3 种网络模型的构建方法，详细的操作见第 2 章。模型常用的方法如表 1-2 所示。

表 1-2 模型常用的方法

方法	说明
.compile()	编译搭建完毕的模型
.fit()	训练模型
.predict()	使用模型进行预测
.save()	保存模型
.summary()	查看模型参数状况

2．Layer API

在 Keras 框架中，所有的网络层都封装在层接口（Layer API）中。Keras 常用的层有全连接层、卷积层、池化层等，这些常用的层都有一些共有的方法，如表 1-3 所示。

表 1-3 常用的层的一些共有的方法

方法	说明
.get_weights()	返回该层的权重
.set_weights()	设置该层的权重
.input()	返回该层输入的张量
.input_shape()	返回该层输入张量的大小
.output()	返回该层输出的张量
.output_shape()	返回该层输出张量的大小
.get_config()	返回该层的参数设置

3．DataSet

DataSet 模块提供了一些内置的数据集。这些数据集已经经过矢量化处理，使用 load_data() 方法加载数据。这些数据集可用于调试模型或创建简单的代码示例。数据集的简单介绍如表 1-4 所示。

表 1-4 数据集的简单介绍

数据集	说明
datasets.boston_housing	20 世纪 70 年代波士顿郊区不同地点的房屋的 13 个属性及其房价的数据集
datasets.cifar10	包含 50000 幅 32×32 彩色训练图像和 10000 幅测试图像的数据集，标记了 10 个类别
datasets.cifar100	包含 50000 幅 32×32 彩色训练图像和 10000 幅测试图像的数据集，标记了 100 个类别

续表

数据集	说明
datasets.fashion_mnist	包含 60000 幅 28×28 灰度训练图像和 10000 幅测试图像的数据集，标记了 10 个类别（主要为衣物）
datasets.imdb	来自 IMDb 网站的 25000 条电影评论的数据集，以情绪（正面或负面）为标签
datasets.mnist	一组 60000 幅 28×28 的包含 10 位数字的灰度图像和 10000 幅测试图像的数据集

1.3.4　Keras 特性

在众多深度学习框架中，Keras 在成为 TensorFlow 的官方 API 后越发受到关注，并以其易操作、模块化、易扩展等特性在众多的 API 中脱颖而出。截至 2021 年初，Keras 已拥有超过 40 万名个人用户，在深度学习行业和研究领域内都得到了广泛的采用。

1. 易操作

Keras 号称是为人类而非为机器设计的 API，其易于学习且易于使用。齐全的文档让深度学习的初学者可以很快上手该框架。同时有不少的科研项目也基于 Keras 框架，这使得新的技术一经发布，很快就能找到与之相关的 Keras 例子。

2. 模块化

Keras 是面向对象的，因此所有内容都能被视为对象（如网络层、参数、优化器等）。所有模型参数都可以作为对象属性进行访问。它基于 TensorFlow 和 Theano 模块化封装产生，吸纳了 TensorFlow、Theano 在神经网络上的突出表现，同时提供一致而简洁的 API，允许可配置的模块用最少的代价自由组合在一起，新模块的创建也很容易。

3. 易扩展

Keras 提供了快速构建深度学习网络的模块。但 Keras 并不处理如张量乘法、卷积等底层操作。这些操作依赖于某种特定的、优化良好的张量操作库。Keras 所依赖的用于处理张量的库就称为"后端"。

1.3.5　Keras 安装

本书基于 TensorFlow 2.3.0、Keras 2.4.3 和 Python 3.8.5 的环境编写。虽然 Keras 可以支持多种后端，但由于 Keras 默认使用 TensorFlow 作为后端，所以在安装 Keras 前需要安装 TensorFlow。因为使用 TensorFlow 2.x 版本时，常在导包时因为环境路径不对出现错误，所以可以通过安装 Visual Studio 解决。Visual Studio 安装步骤如下。

（1）运行安装文件后，可以更改 Visual Studio 的安装位置，并选择安装类型为"自定义"，如图 1-19 所示，然后单击"下一步"按钮。

（2）在之后出现的界面中选择功能，勾选"Visual C++"，如图 1-20 所示，然后单击"下一步"按钮。

Keras 与深度学习实战

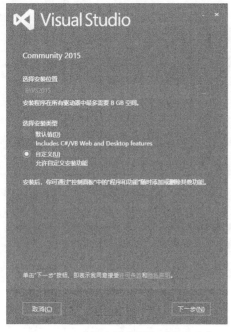
图 1-19　选择安装类型为"自定义"

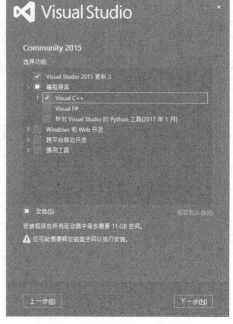
图 1-20　勾选"Visual C++"

（3）选择需要安装的功能后，Visual Studio 安装界面中会提示选定的功能，如图 1-21 所示，然后单击"安装"按钮，出现安装的进度，如图 1-22 所示。

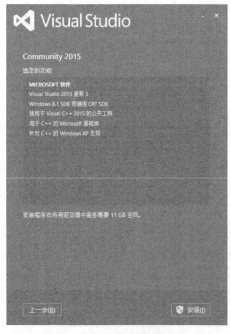
图 1-21　提示选定的功能

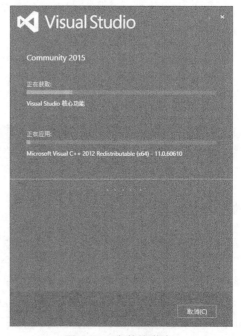
图 1-22　安装的进度

（4）安装成功并重启计算机后，在"开始"菜单栏中出现"Visual Studio 2015"，如图 1-23 所示。

18

第 1 章 深度学习概述

图 1-23 在"开始"菜单栏中出现"Visual Studio 2015"

安装 Visual Studio 2015 后可以选择安装 Anaconda。Anaconda 是一个开源的 Python 发行版本,其包含 conda、Python 等的多个科学包及其依赖项,使用 Anaconda 可以相对快速地搭建 Keras 的可运行环境。

Anaconda Prompt 相当于命令提示符(cmd),与 cmd 不同的是 Anaconda Prompt 已经配置好环境变量。初次安装 Anaconda 时,其包一般比较旧,为了避免在之后使用时报错,可以先单击打开"Anaconda Prompt",如图 1-24 所示,在打开的界面中输入"conda update –all"命令,更新所有包的版本,在提示是否更新的时候输入"y"(Yes),然后等待更新完成即可。

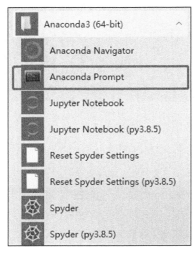

图 1-24 打开 Anaconda Prompt

在安装过程中,可以根据不同需求选择使用 pip 命令或者 conda 命令两种方式安装程序包,即"pip install package_name"和"conda install package_name",其中"package_name"是指程序包的名称。

pip 命令和 conda 命令在实现环境中的依赖关系方面有所不同。安装程序包时,pip 命令会在递归的串行循环中安装依赖项,不能确保同时满足所有包的依赖性。如果较早安装的程序包与稍后安装的程序包具有不兼容的依赖性版本,则可能创建破损的环境。使用 conda 命令进行安装可确保满足环境中安装的所有包的所有要求。conda 执行的环境检查可能需要花费额外的时间,但有助于防止创建破坏的环境。但是不要同时使用这两种方式,在安装程序包时保持使用一致的命令。在安装 Keras 框架之前,需要安装指定版本的 TensorFlow,使用 pip 命令安装指定版本 TensorFlow,如代码 1-1 所示。

代码 1-1 使用 pip 命令安装指定版本 TensorFlow

```
pip install tensorflow==2.3.0    # 安装指定版本 TensorFlow
```

使用 pip 命令安装指定版本 Keras，如代码 1-2 所示。

代码 1-2　使用 pip 命令安装指定版本 Keras

```
pip install keras==2.4.3  # 安装指定版本Keras
```

成功安装 Keras 的界面如图 1-25 所示。

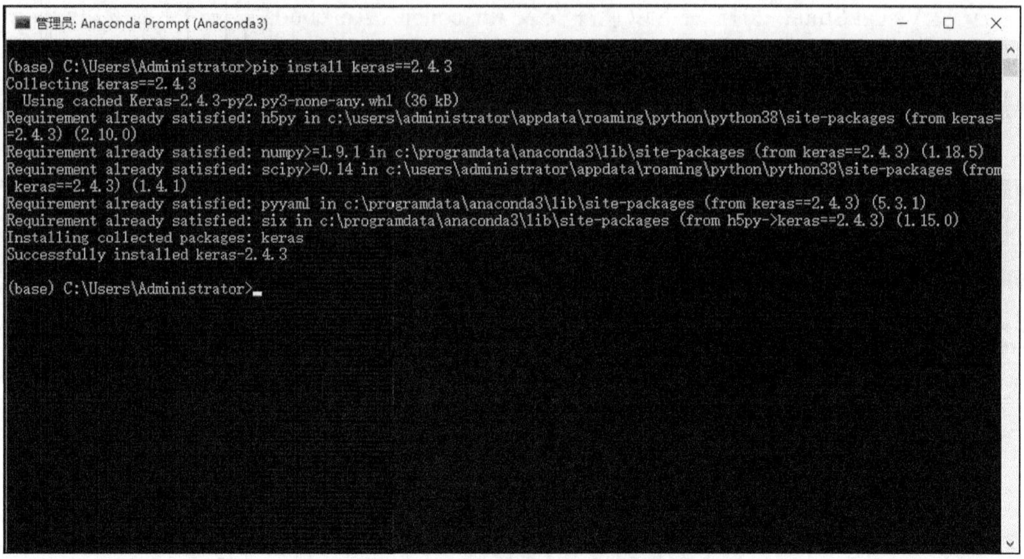

图 1-25　成功安装 Keras 的界面

如果读者之前已经安装过不同版本的 Keras，那么可以升级现有的包或卸载现有的包，如代码 1-3 所示。

代码 1-3　升级现有的包或卸载现有的包

```
pip update keras    # 对现有的Keras包进行升级
pip remove keras    # 卸载现有的Keras包
```

1.3.6　Keras 中的预训练模型

预训练即提前给模型输入特定参数。这个特定的参数通过其他类似数据集习得，然后使用已有的数据集进行训练，最终得到合适的模型参数。相比较于随机初始化参数的模型，预训练模型得到结果的速度更快，但是两者得到的结果并没有太大的差距。

1. 预训练模型的概念

由于时间限制或硬件水平限制，在训练比较复杂的模型时通常不会从头开始训练模型，这也就是预训练模型（Pretraining Model）存在的意义。预训练模型是前人为了解决类似问题所创造出来的模型。在解决问题的时候，不用从零开始训练一个新模型，可以从类似问题中训练过的模型入手。

虽然一个预训练模型不能 100%准确对接需要解决的问题，但可以节省大量时间。在一个属于图像分类的手机图片分辨项目中，训练数据集中有 4000 多张图片，测试集中有 1200 张图片，项目任务是将图片分到 16 个类别中。如果采用一个简单的多层感知器

（Multi-Layer Perceptron，MLP）模型，在将输入图片（大小为 224×224×3）平整化后，训练模型所得结果的准确率只有 6%左右。尝试对隐藏层、隐藏层神经元以及丢弃率进行调整，但准确率都没有显著提高。如果采用卷积神经网络，训练结果表明准确率有显著的提高，可以达到原来的两倍以上，但距离达到分类最低的标准还是太远。如果采用在 ImageNet 数据集上预先训练好的模型 VGG16，在 VGG16 结构的基础上，将 softmax 层的"1000"改为"16"，从而适应 16 分类的问题，训练结果的准确率可以达到 70%。同时，使用 VGG16 最大的好处是大大减少训练的时间，只需要对全连接层进行训练。

2. 预训练模型的使用

在大数据集上训练模型，并将模型的结构和权重应用到目前面对的问题上，这一行为被称作"迁移学习"，即将预训练模型"迁移"到正在面对的特定问题上。

在解决目前面对的问题的时候需要匹配好对应的预训练模型，如果问题与预训练模型训练情景有很大不同，那么模型所得到的结果会非常不理想，例如，把一个原本用于语音识别的模型用于用户识别，只能得到非常差的结果。

ImageNet 数据集已经被广泛用作训练集，因为其数据规模足够大（120 万张图片），有助于训练一般模型，ImageNet 数据集的训练目标是将所有的图片准确划分到 1000 个分类条目下。数据集的 1000 个分类来源于日常生活，如动物、家庭生活用品、交通工具等。在迁移学习中，使用 ImageNet 数据集训练的网络对于数据集外的图片也表现出很好的泛化能力。

在迁移学习中，不会过多地修改预训练模型中的权重，而是对权重进行微调（Fine Tune）。例如，在修改模型的过程中，通常会采用比一般训练模型更低的学习率。另一种使用预训练模型的方法是对它进行部分的训练，具体做法是保持模型起始的一些层的权重不变，重新训练后面的层，得到新的权重，可以多次尝试这个过程。不同场景中预训练模型的使用如下。

场景一：数据集小，数据相似度高

在这种场景下，因为数据与预训练模型的训练数据相似度很高，所以不需要重新训练模型，只需要将输出层改为符合问题情境下的结果即可。例如，在手机图片分辨项目中提到的 16 分类问题，只需将输出从 1000 个类别改为 16 个类别。

场景二：数据集小，数据相似度不高

在这种情况下，可以冻结 n 层预训练模型中的前 k 个层的权重，然后重新训练后面的 $n-k$ 个层，当然最后一层也需要根据相应的输出格式进行修改。因为数据的相似度不高，而新数据集的大小又不足，所以只能通过冻结预训练模型的前 k 层进行补充。

场景三：数据集大，数据相似度不高

在这种情况下，因为有一个很大的数据集，所以神经网络的训练过程将会比较有效率，但因为实际数据与预训练模型的训练数据之间存在很大差异，采用预训练模型将不会是一种高效的方式。最好的方法是将预训练模型中的权重全都初始化后在新数据集的基础上重新开始训练。

场景四：数据集大，数据相似度高

在这种理想情况下，最好的方式是保持模型原有的结构和初始权重不变，随后在新数据集的基础上重新训练。

3．预训练模型实现图片分类

Keras 中自带 20 多种常用的深度学习网络预训练模型，这些预训练模型可以通过 keras.application 包调用，主要包含 VGG（VGG16 和 VGG19）、ResNet、DenseNet 等常用网络结构及其权重。加载预训练模型如代码 1-4 所示。

代码 1-4　加载预训练模型

```
from keras.applications.resnet50 import ResNet50
```

ResNet 主要有 6 种变形：ResNet-50、ResNet-101、ResNet-152、ResNet50V2、ResNet101V2、ResNet152V2。每个网络结构都包括 3 个主要部分：输入部分、输出部分和中间卷积部分。尽管 ResNet 变形种类丰富，但是都遵循上述结构特点，网络结构之间的区别主要在于中间卷积部分的参数和个数存在差异。ResNet-50 预训练模型实现图片分类，如代码 1-5 所示。

代码 1-5　ResNet-50 预训练模型实现图片分类

```
from keras.applications.resnet50 import ResNet50
from keras.preprocessing import image
from keras.applications.resnet50 import preprocess_input, decode_predictions
import numpy as np

model = ResNet50(weights='imagenet')

img_path = 'dog.jpg'
img = image.load_img(img_path, target_size=(224, 224))
x = image.img_to_array(img)
x = np.expand_dims(x, axis=0)
x = preprocess_input(x)

preds = model.predict(x)
print('Predicted:', decode_predictions(preds, top=3)[0])
```

运行代码 1-5 得到结果如下。

```
Predicted: [('n02093991', 'Irish_terrier', 0.29776323)]
```

小结

本章主要对深度学习进行了概述。首先介绍了深度学习的定义，然后用实例讲解了深度学习的常见应用。之后介绍了深度学习与应用领域的关系，包括计算机视觉、自然语言处理、语音识别等。最后针对深度学习的常用框架及其特点进行了对比，并着重讲述了Keras框架的接口、特性、安装方法和框架中的预训练模型。

课后习题

（1）没有用到深度学习是（　　）。

  A．基于隐马尔可夫模型的语音识别　B．基于VGG16模型的图片分类

  C．基于ResNet-50模型的词性标注　D．基于DenseNet模型的物体检测

（2）深度学习技术最早取得突破性成就的领域是（　　）。

  A．计算机视觉　　　　　　　　B．自然语言处理

  C．语音识别　　　　　　　　　D．自动标注

（3）Keras需要后端的根本原因是（　　）。

  A．Keras不具备底层运算能力　　B．加快运算速度

  C．方便调用　　　　　　　　　D．为了更好的推广

（4）【多选】Keras的特性是（　　）。

  A．易操作　　B．模块化　　C．易扩展　　　D．支持自定义扩展

（5）预训练模型能取得较好结果的场景是（　　）。

  A．数据集小，数据相似度高　　B．数据集小，数据相似度中等

  C．数据集大，数据相似度中等　D．任何场景

第 2 章 Keras 深度学习通用流程

深度学习通常包含数据加载与预处理、构建网络、训练网络、性能评估和模型的保存与加载 5 个主要的步骤。Keras 为每个步骤都提供了相应的函数，使得用户可以方便快速地实现深度学习。本章分别介绍以上 5 个主要步骤的相关函数和构成组件。

学习目标

（1）熟悉 Keras 实现深度学习的流程。
（2）掌握利用 Keras 加载与预处理数据的常用方法。
（3）掌握利用 Keras 构建基本神经网络的方法。
（4）掌握利用 Keras 设置优化器和损失函数的方法。
（5）掌握利用 Keras 评估神经网络性能的方法。
（6）掌握利用 Keras 保存与加载神经网络模型的方法。

2.1 基于全连接网络的手写数字识别实例

本节以手写数字识别为例介绍 Keras 深度学习的通用流程。

Keras 自带读取常用测试数据集的函数，这些函数能够自动从网上下载相应的数据集并保存为.npz 格式的文件。MNIST 数据集有 60000 张训练图片和 10000 张测试图片，每张都是 28×28 的灰度图片，像素值是 0 到 255 的整数；每张图片都有一个标签，标签是 0 到 9 这 10 个数字之一。训练集和相应的标签分别保存在 numpy 数组 x_train 和 y_train 中。MNIST 数据集图片样本示例如图 2-1 所示，其中每一列都是同一个数字的图片。

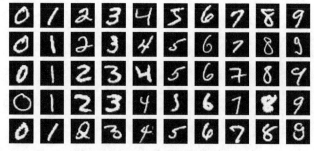

图 2-1　MNIST 数据集图片样本示例

1. 数据加载

深度神经网络必须从数据中学习潜在特征，加载 MNIST 数据集如代码 2-1 所示。

第 2 章　Keras 深度学习通用流程

代码 2-1　加载 MNIST 数据集

```
# 数据加载
from keras import datasets
(x_train, y_train), (x_test, y_test) = datasets.mnist.load_data()
```

很多时候，采集到的数据通常是不完整的、字段值不一致的、极易受到噪声（错误或异常值）侵扰的。需要对得到的数据做预处理，这样可以提高模型训练的有效性。

2. 数据预处理

数据预处理的方法有很多，如标签格式转换、样本变换等。在手写数字识别的例子中，图片的像素值需要转换为 0～1 之间的值，标签转换为独热编码（One-Hot 格式），如代码 2-2 所示。

代码 2-2　MNIST 数据预处理

```
# 数据预处理
# 把像素值转换为 0~1 之间的值
x_train = x_train / 255.0
x_test = x_test / 255.0


# 模型要求把标签转换为独热编码，例如：2 转换为[0,1,0,0,0,0,0,0,0,0]
from keras import utils
y_train = utils.to_categorical(y_train, num_classes=10)
y_test = utils.to_categorical(y_test, num_classes=10)
```

3. 构建网络

构建网络是深度学习非常重要的一个步骤。如果网络结构太简单则可能无法学习到足够丰富的特征，如果网络结构太复杂则可能出现过拟合或梯度消失等问题。对于不同的数据要选择合适的网络结构才能取得较好的结果。

构建一个具有一个输入层、一个形状改变层和两个全连接层的前馈神经网络。各层依次相连，如代码 2-3 所示。

代码 2-3　构建网络

```
# 构建网络
# 输入层的大小为 28×28，并转换为 784 维，中间层 512 维，输出层 10 维（对应 10 个类别）
from keras import Sequential,layers
model = Sequential()
model.add(layers.Reshape((28 * 28, ), input_shape=(28, 28)))
model.add(layers.Dense(512, activation='relu'))
model.add(layers.Activation('relu'))
model.add(layers.Dense(10, activation='softmax'))
model.summary()
```

4. 训练网络

构建网络之后，需要用大量的数据对网络进行训练，求解网络中的所有可学习的参数，使得网络的损失越小越好。优化算法一般是基于梯度下降的。

神经网络其实就是一个变量为可学习参数的复合函数，为了能用梯度下降算法求解此复合函数的局部最小值，需要对这个复合函数的每个变量求导数。Keras 等深度学习框架的一个重要的功能就是能够根据提供的损失函数自动进行复合函数的求导。使用 Keras 的网络模型对象提供的 fit 函数就能够自动学习到比较好的网络参数。

使用随机梯度下降法（Stochatis Gradient Descent，SGD）求解网络的参数，网络使用分类交叉熵作为损失函数。为了调整模型从而取得更好的识别效果，还需要观察损失和分类精度等评价指标在训练过程中的变化，选择性能监控指标 accuracy（分类精度）作为 Keras 模型的 compile 函数的 metrics 参数值来输入，在训练的时候可以输出该指标的变化。同时，为了保存训练过程中得到的识别效果比较好的模型权重，在 fit 函数中传入 callbacks 回调函数，它能够在每一代网络训练结束时保存在验证集上分类精度最好的模型权重，每一代保存为一个单独的.h5 文件。设置优化器和损失函数并训练网络，如代码 2-4 所示。

代码 2-4　设置优化器和损失函数并训练网络

```
# 训练
# 优化器为 SGD
# 损失函数为分类交叉熵损失函数 categorical_crossentropy
# 性能评估用分类精度 accuracy
from keras import optimizers
optimizer = optimizers.SGD(lr=0.5)
model.compile(optimizer, loss='categorical_crossentropy', metrics=['accuracy'])


from keras import callbacks
my_callbacks = [
# 每一代训练结束时保存监测指标（验证集分类精度）最好的模型权重
callbacks.ModelCheckpoint(filepath='mymodel_{epoch:02d}.h5',
            monitor='val_accuracy',  # 监测验证集分类精度
            save_best_only=True),
]


# 训练模型
model.fit(x_train, y_train,
    validation_data=(x_test, y_test),
    batch_size=128,
    epochs=5,
    callbacks=my_callbacks
```

第 2 章　Keras 深度学习通用流程

```
# 保存最后训练好的模型权重
model.save_weights('mymodel.h5')
```

5．性能评估

训练好网络之后，还需要用测试样本对模型的性能进行评估。由于训练时用.h5 文件保存了模型权重，在测试时可以直接读取指定的.h5 文件加载模型权重，不需要每次都重新执行代码 2-4 训练模型，但是仍需要代码 2-3 中模型的定义。读取保存的模型的权重，对模型的性能进行评估，如代码 2-5 所示。

代码 2-5　性能评估

```
# 评估
# 读取检查点文件保存的权重，以继续训练或者测试
print('\nTesting ------------------ ')
model.load_weights('mymodel.h5')
loss, accuracy = model.evaluate(x_test, y_test)
print('Test loss:', loss)
print('Test accuracy:', accuracy)


model.load_weights('mymodel.h5')
loss, accuracy = model.evaluate(x_test, y_test)
print('Test loss:', loss)
print('Test accuracy:', accuracy)
```

代码 2-1～代码 2-5 的输出结果如下。

```
Train on 60000 samples
Epoch 1/5
60000/60000 [==============================] - 2s 36us/sample - loss: 0.2680
- accuracy: 0.9198
Epoch 2/5
60000/60000 [==============================] - 1s 21us/sample - loss: 0.1106
- accuracy: 0.9679
Epoch 3/5
60000/60000 [==============================] - 2s 28us/sample - loss: 0.0760
- accuracy: 0.9782
Epoch 4/5
60000/60000 [==============================] - 2s 26us/sample - loss: 0.0572
- accuracy: 0.9838
Epoch 5/5
```

```
60000/60000 [==============================] - 2s 25us/sample - loss: 0.0443
- accuracy: 0.9871
10000/10000 [==============================] - 1s 94us/sample - loss: 0.0662
- accuracy: 0.9802
```

代码 2-1～代码 2-5 以手写数字识别的例子介绍了 Keras 深度学习通用流程中的主要步骤，接下来将介绍每个步骤的详细内容。

2.2 数据加载与预处理

深度学习需要用数据来训练深度神经网络，因此首先要加载数据，若此时的数据以原始图片的形式提供，并且同一类的图片保存在同一个文件夹下，则需要把这些图片和对应的标签都读入内存。Keras 提供了一些常用的数据读取方法，可以方便地从硬盘中分批读取数据。

2.2.1 数据加载

读取 MNIST 数据集时可以将数据集划分为训练集和测试集，用于之后训练与测试模型。例如，在手写数字识别的例子代码 2-1 中，datasets.mnist.load_data()方法首先查找在 ~/.keras/datasets 目录下是否有 mnist.npz 文件，若没有该文件，则需要从指定网站下载数据并保存为 mnist.npz，否则直接从 mnist.npz 文件中读取数据。其中构建 load_data()方法如代码 2-6 所示。

代码 2-6　构建 load_data()方法

```
def load_data(path='mnist.npz'):
  # path = '~/.keras/datasets/'+path
  path = get_file(
    path,
    origin='https://s3.amazonaws.com/img-datasets/mnist.npz',
    file_hash='8a61469f7ea1b51cbae51d4f78837e45')
  f = np.load(path)
  x_train, y_train = f['x_train'], f['y_train']
  x_test, y_test = f['x_test'], f['y_test']
  f.close()
  return (x_train, y_train), (x_test, y_test)
```

除了可以从.npy 文件（numpy 数据文件）中读取数据外，还可以从 Matlab 特有的数据文件，即.mat 文件中读取数据。例如，使用 scipy.io 模块读取.mat 文件，并将数据保存为.mat 文件或.npz 文件，如代码 2-7 所示。

代码 2-7　从.mat 文件或.npz 文件中读取数据

```
data={
'x_train':[1,2],
```

```
'y_train':[0,1]
}

# 将字典变量保存为.mat文件
import scipy.io as sio
sio.savemat('test.mat',data)


# 从.mat文件中读取数据
data=sio.loadmat('test.mat')
x_train = data['x_train']
y_train = data['y_train']


# 把字典变量保存为.npz文件
import numpy as np
np.savez('test.npz',data)

# 从.npz文件中读取数据
f = np.load('test.npz')
x_train, y_train = f['x_train'], f['y_train']
```

在图像分类问题中,原始数据通常是一些图像文件,并且同一个文件夹保存同一个类别的图片,这时可以利用 Keras 自带的读取数据的函数,读取硬盘上的原始数据并转换为 tf.data.Dataset 对象,从而用于训练模型。

假设有 10 类的图像数据,分别存在 10 个文件夹中,每个文件夹中的图像为同一类,通过它们训练一个图像分类器。训练数据文件夹结构如下。

```
training_data/
...class_a/
......a_image_1.jpg
......a_image_2.jpg
...
...class_b/
......b_image_1.jpg
......b_image_2.jpg
...
```

如果有验证数据,还可以构造验证数据文件夹。从文件夹中分批读取图像数据,如代码 2-8 所示。

代码 2-8　从文件夹中分批读取图像数据

```
from keras.applications import Xception
```

Keras 与深度学习实战

```python
from keras.preprocessing.image import image_dataset_from_directory

train_ds = image_dataset_from_directory(
    directory='training_data/',
    labels='inferred',
    label_mode='categorical',
    batch_size=32,
    image_size=(256, 256))
validation_ds = image_dataset_from_directory(
    directory='validation_data/',
    labels='inferred',
    label_mode='categorical',
    batch_size=32,
    image_size=(256, 256))

model = Xception(weights=None, input_shape=(256, 256, 3), classes=10)
model.compile(optimizer='rmsprop', loss='categorical_crossentropy')
model.fit(train_ds, epochs=10, validation_data=validation_ds)
```

image_dataset_from_directory 函数的语法格式如下。该函数将返回一个 tf.data.Dataset 数据集,该数据集将从 training_data 文件夹的子目录(文件夹)中生成批图像,假设存在子目录 class_a 和 class_b,使用函数后将生成标签 0 和 1(0 对应 class_a,1 对应 class_b)。

```
keras.preprocessing.image_dataset_from_directory(directory, labels='inferred',
label_mode='int', class_names=None, color_mode='rgb', batch_size=32,
image_size=(256, 256), shuffle=True, seed=None, validation_split=None,
subset=None, interpolation='bilinear', follow_links=False)
```

image_dataset_from_directory 函数的常用参数及其说明如表 2-1 所示。

表 2-1 image_dataset_from_directory 函数的常用参数及其说明

参数名称	说明
directory	接收字符串,表示数据所在的目录。如果 labels 为 inferred,则子目录表示类别。无默认值
labels	接收列表类型,表示对应每个图像文件的标签。默认为 inferred,则子目录表示类别
label_mode	接收字符串,如 int、categorical、binary,表示标签的编码类型。默认为 int
class_names	接收列表类型,与子目录的名称一致,用于控制类的顺序。默认为 None
color_mode	接收字符串,表示图像转换的格式,为 grayscale、rgb、rgba 之一。默认为 rgb
batch_size	接收整数类型,表示每批包含的样本数量。默认为 32
image_size	接收元组类型,表示图像经过调整后的大小。默认为(256,256)
shuffle	接收布尔类型,表示是否随机排列数据。默认为 True

使用 load_img 函数将图像加载为 PIL 格式，如代码 2-9 所示。

代码 2-9　使用 load_img 函数将图像加载为 PIL 格式

```
import keras
from keras.preprocessing.image import load_img,img_to_array
import numpy as np
image_path = 'test.jpg'
image = keras.preprocessing.image.load_img(image_path)
input_arr = keras.preprocessing.image.img_to_array(image)
input_arr = np.array([input_arr])
predictions = model.predict(input_arr)
```

load_img 函数的语法格式如下。此函数可以用于调整目标图像的大小与格式。

```
keras.preprocessing.image.load_img(path, grayscale=False, color_mode='rgb',
target_size=None, interpolation='nearest')
```

load_img 函数的常用参数及其说明如表 2-2 所示。

表 2-2　load_img 函数的常用参数及其说明

参数名称	说明
path	接收字符串，表示图像文件的路径。无默认值
grayscale	接收布尔类型，表示图像是否转换为灰度图。默认为 False
color_mode	接收字符串，表示图像转换的格式，为 grayscale、rgb、rgba 之一。默认为 rgb
target_size	接收元组类型，表示图像经过调整后的大小。默认为 None
interpolation	接收字符串，表示调整图像大小时使用的插值方法。默认为 nearest

2.2.2　数据预处理

在进行数据预处理的时候，可以事先对每张图片进行预处理和增强，然后将它们存起来以扩充样本，但是这样做的效率比较低，而且只能按照设定的方式运行。例如，旋转图片时，只能用预先设定的方式进行旋转，无法进行随机旋转。Keras 自带了数据集预处理实用程序，位于 keras.preprocessing 模块下，方便实时对数据进行标准化、增强等预处理。

在手写数字识别的例子中，图片的像素值转换为 0~1 之间的值，标签转换为独热编码，这是用 Keras 中 utils 模块的 to_categorical 函数进行处理的，如代码 2-2 所示。

1. 图像数据预处理

针对图像数据的预处理可以使用 ImageDataGenerator 类实现。该类将实时传入的图像数据增强并生成一批张量图像数据。每张原始图片都会叠加执行指定的所有变换（参数在指定范围内随机），增强成一张相应图片，并不断循环。

ImageDataGenerator 类的语法格式如下。

Keras 与深度学习实战

```
keras.preprocessing.image.ImageDataGenerator(featurewise_center=False,
samplewise_center=False, featurewise_std_normalization=False, samplewise_
std_normalization=False, zca_whitening=False, zca_epsilon=1e-06, rotation_
range=0, width_shift_range=0.0, height_shift_range=0.0, brightness_range=None,
shear_range=0.0, zoom_range=0.0, channel_shift_range=0.0, fill_mode='nearest',
cval=0.0, horizontal_flip=False, vertical_flip=False,rescale=None,
preprocessing_function=None, data_format=None,  validation_split=0.0, dtype=
None)
```

ImageDataGenerator 类的常用参数及其说明如表 2-3 所示。

表 2-3　ImageDataGenerator 类的常用参数及其说明

参数名称	说明
featurewise_center	接收布尔类型，表示是否使特征的平均值为 0，逐特征进行，对输入图片的每个通道减去每个通道对应的平均值。默认为 False
samplewise_center	接收布尔类型，表示是否将每个样本的平均值设置为 0，每个样本减去样本平均值。默认为 False
featurewise_std_normalization	接收布尔类型，表示是否使特征的标准差为 1。默认为 False
samplewise_std_normalization	接收布尔类型，表示是否使样本的标准差为 1。默认为 False
zca_whitening	接收布尔类型，表示是否使用 ZCA 白化。默认为 False
rotation_range	接收整数，表示随机转动的角度范围，0～180。默认为 0
width_shift_range	接收浮点数、一维数组或整数，表示随机水平平移的幅度范围，0～1。默认为 0.0
brightness_range	接收元组(a,b)，表示随机亮度变化的范围。默认为 None
shear_range	接收浮点数，表示剪切变换的程度范围，以弧度逆时针方向剪切角度。就是让所有点的 x 坐标（或 y 坐标）保持不变，而对应的 y 坐标（或 x 坐标）按比例发生改变，且改变的大小和该点到 x 轴（或 y 轴）的垂直距离成正比。默认为 0.0
zoom_range	接收浮点数或形如[lower,upper]的列表，表示随机缩放的范围。若为浮点数，[lower,upper]=[1-zoom_range,1+zoom_range]。默认为 0.0
channel_shift_range	接收浮点数，表示通道平移的范围。默认为 0.0
horizontal_flip	接收布尔类型，表示是否随机水平翻转。默认为 False
vertical_flip	接收布尔类型，表示是否随机竖直翻转。默认为 False
rescale	接收浮点数，表示固定放大的比例。默认为 None

使用 ImageDataGenerator 类将图像数据增强，生成变换图像数据，如代码 2-10 所示。

代码 2-10　使用 ImageDataGenerator 类将图像数据增强，生成变换图像数据

```
from keras.preprocessing.image import ImageDataGenerator, array_to_img,
img_to_array, load_img
```

```python
datagen = ImageDataGenerator(
    rotation_range=30,
    width_shift_range=0.2,
    height_shift_range=0.2,
    shear_range=0.2,
    zoom_range=0.2,
    horizontal_flip=True,
fill_mode='nearest')

img = load_img('cat1.jpg')
x = img_to_array(img)
x = x.reshape((1,) + x.shape)

i = 0
# save_to_dir 为要保存的文件夹, save_prefix 为图片名字, save_format 为图片的格式
for batch in datagen.flow(x, batch_size=1,
                save_to_dir='./Model',
                save_prefix='cat', save_format='jpeg'):
    i += 1
    if i >=8:
        break
```

运行代码 2-10，得到结果如图 2-2 所示。

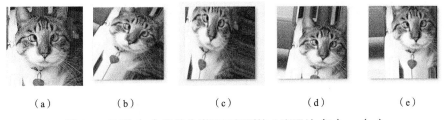

(a) (b) (c) (d) (e)

图 2-2 原图 (a) 及图像增强后得到的 4 张图片 (b) ~ (e)

ImageDataGenerator 类的 flow 函数可以对图像进行实时增强，flow 函数的语法格式如下。

```
keras.preprocessing.image.ImageDataGenerator.flow(self, x, y=None, batch_size=32, shuffle=True, sample_weight=None, seed=None, save_to_dir=None, save_prefix='', save_format='png', subset=None)
```

flow 函数的常用参数及其说明如表 2-4 所示。

表 2-4　flow 函数的常用参数及其说明

参数名称	说明
x	接收 numpy 数组，表示输入的数据，一般是秩为 4 的 numpy 数组。无默认值
y	接收列表或 numpy 数组，表示数据的标签。默认为 None

使用 ImageDataGenerator 类的 flow 函数增强数据，如代码 2-11 所示。

代码 2-11　使用 ImageDataGenerator 类的 flow 函数增强数据

```
from keras.preprocessing.image import ImageDataGenerator
from keras.datasets import mnist
from keras.utils import np_utils
import numpy as np
import matplotlib.pyplot as plt

# 划分数据集，得到x_train、y_train、x_test、y_test
num_classes = 10
(x_train, y_train), (x_test, y_test) = mnist.load_data()
x_train = np.expand_dims(x_train, axis = 3)
y_train = np_utils.to_categorical(y_train, num_classes)
y_test = np_utils.to_categorical(y_test, num_classes)

print(np.shape(x_train))    # 返回(60000, 28, 28, 1)
print(np.shape(x_test))     # 返回(10000, 28, 28)
print(np.shape(y_train))    # 返回(60000, 10)
print(np.shape(y_test))     # 返回(10000, 10)
print('========================================================')

# 构造ImageDataGenerator类的对象，通过参数指定要进行的处理项目
# 对数据进行预处理，注意这里不是要一次性将所有的数据处理完，而是在后面的代码中进行逐批处理
datagen = ImageDataGenerator(
    featurewise_center=True,
    featurewise_std_normalization=True,
    rotation_range=20,
    width_shift_range=0.2,
    height_shift_range=0.2,
    horizontal_flip=True)

# 对需要处理的数据使用fit函数
```

```python
datagen.fit(x_train)
# 使用 flow 函数构造 Iterator（生成器）
# 返回的是一个"生成器对象"
data_iter = datagen.flow(x_train, y_train, batch_size=8, save_to_dir='save_data')
# 返回的是一个 numpyArrayIterator 对象
print(type(data_iter))


# 通过循环迭代每一次的数据，并进行查看
for x_batch,y_batch in data_iter:
  for i in range(8):
    plt.subplot(2, 4, i+1)
    plt.imshow(x_batch[i].reshape(28, 28), cmap='gray')
  plt.show()
```

如果训练数据的规模很大，无法一次性全部读入内存，则可以用 ImageDataGenerator 类的 flow_from_directory 函数。此函数以文件夹路径为参数，生成经过归一化处理后的数据，归一化后的数据占用的内存会变小，这是解决内存不足问题的方法之一。

flow_from_directory 函数的语法格式如下。

```
keras.preprocessing.image.ImageDataGenerator.flow_from_directory(self,
directory, target_size=(256, 256), color_mode='rgb', classes=None,
class_mode='categorical', batch_size=32, shuffle=True, seed=None,
save_to_dir=None, save_prefix='', save_format='png', follow_links=False,
subset=None, interpolation='nearest')
```

flow_from_directory 函数的常用参数及其说明如表 2-5 所示。

表 2-5　flow_from_directory 函数的常用参数及其说明

参数名称	说明
directory	接收字符串，表示文件夹路径，无默认值
target_size	接收整数元组，表示图像改变后的大小，默认为(256, 256)
color_mode	接收字符串，表示图片会被转换为单通道或三通道的图片，默认为 rgb
batch_size	接收整型，表示批大小。默认为 32
shuffle	接收布尔类型，表示是否打乱数据。默认为 True

从指定目录读取训练数据并实时随机增强图片，如代码 2-12 所示。

代码 2-12　从指定目录读取训练数据并实时随机增强图片

```python
# 构造网络
from keras import Sequential,layers,optimizers
```

```python
model = Sequential()
# ImageDataGenerator.flow_from_directory的输出为 [宽度,高度,通道数]
model.add(layers.Reshape((28*28,),input_shape=(28,28)))
model.add(layers.Dense(512, activation='relu'))
model.add(layers.Dense(10, activation='softmax'))
optimizer = optimizers.SGD(lr=0.5)
model.compile(optimizer,loss='categorical_crossentropy',
metrics=['accuracy'])

# 数据增强
from keras.preprocessing.image import ImageDataGenerator
datagen_train = ImageDataGenerator(
    rescale=1/255.0,   # 像素转换到 0~1 之间，对分类精度影响比较大
    rotation_range=10, # 每张图片随机旋转的角度在 10 度以内
    width_shift_range=0.1,  # 左右随机平移的距离在宽度的 10%以内
    height_shift_range=0.1) # 上下随机平移的距离在高度的 10%以内

# 从硬盘分批读取数据并训练
generator_train = datagen_train.flow_from_directory(
    r'F:\data\Train',  # 训练集所在路径，子目录表示类别
    target_size=(28, 28), # 统一调整所有图片的大小为 (28,28)
    color_mode='grayscale', # 读取单通道的灰度图
    batch_size=128, # 输入 fit 函数中的批大小
)

model.fit(generator_train,epochs=5)

# 从硬盘分批读取数据并测试
datagen_test = ImageDataGenerator(rescale=1/255.0)
generator_test = datagen_test.flow_from_directory(
    r'F:\data\Test',
    target_size=(28, 28),
    color_mode='grayscale',  # 读取灰度图
    batch_size=128,
)
loss, accuracy = model.evaluate(generator_test)
```

2. 时间序列数据预处理

在使用循环神经网络及其变体时，大多数是为了解决时间序列问题，即数据是有时序性质的。并且循环神经网络要求输入的数据是三维张量，即[samples, time_steps, features]。其中 samples 表示数据样本，time_steps 表示时间，features 表示特征。为了将二维数据转换成这种三维的格式，可以使用 keras.preprocessing.sequence 模块下的 TimeseriesGenerator 类。

TimeseriesGenenator 类的语法格式如下。

```
keras.preprocessing.sequence.TimeseriesGenerator(data,targets,length,
sampling_rate=1,stride=1,start_index=0,end_index=None,shuffle=False,
reverse=False,batch_size=128)
```

TimeseriesGenenator 类的常用参数及其说明如表 2-6 所示。

表 2-6 TimeseriesGenenator 类的常用参数及其说明

参数名称	说明
data	接收列表或 numpy 数组，表示要转换的原始的时间序列数据。data 一般是二维的，第 0 个轴为时间维度，无默认值
targets	接收整数列表，表示 data 中各样本的类别，和 data 长度一样，无默认值
length	接收整数，表示输出序列的长度，无默认值
sampling_rate	接收整数，表示序列中连续的各个时间步之间的时间间隔，默认为 1
stride	接收整数，表示连续输出序列之间的周期，默认为 1
start_index	接收整数，数据点早于 start_index 的样本不输出，默认为 0
end_index	接收整数，数据点晚于 end_index 的样本不输出，默认为 None
shuffle	接收布尔类型，表示是随机输出样本，还是按时间顺序输出样本，默认为 False
reverse	布尔值，如果值为 True，每个输出样本中的时间步将按照时间倒序排列，默认为 False
batch_size	接收整数，表示每个批中的时间序列样本数，默认为 128

TimeseriesGenenator 类在数组形式的时间序列上创建滑动窗口，接收以相等间隔收集的一系列数据点，以及时间序列参数（例如序列/窗口的长度，两个序列/窗口的间隔等），返回一个 Dataset 实例。如果向该类传递了 targets 参数，则数据集将由元组(batch_of_sequences, batch_of_targets)组成，其中 batch_of_sequences 表示序列，batch_of_targets 表示数据中各样本的类别。如果 batch_of_targets 表示的不是数据中各样本的类别，则数据集仅产生 batch_of_sequences。使用 TimeseriesGenerator 类对时间序列进行预处理，如代码 2-13 所示。

代码 2-13 对时间序列进行预处理

```
import numpy as np
from keras.preprocessing.sequence import TimeseriesGenerator
series = np.array([[i, i, i] for i in range(20)])
targets = np.arange(20) * 10
```

```
generator = TimeseriesGenerator(series, targets,
                length=3,
                sampling_rate=2,
                stride=3,
                batch_size=2)
print('Samples: %d' % len(generator))
for i in range(len(generator)):
    x, y = generator[i]
    print('%s => %s' % (x, y))
```

代码 2-13 的输出结果如下。

```
Samples: 3
[[[0 0 0]                         [[ 9  9  9]
  [2 2 2]]                         [11 11 11]]] => [ 90 120]
                                 [[[12 12 12]
 [[3 3 3]                          [14 14 14]]
  [5 5 5]]] => [30 60]
 [[[6 6 6]                        [[15 15 15]
  [8 8 8]]                         [17 17 17]]] => [150 180]
```

3. 文本数据预处理

使用文本标记化类 Tokenizer，可以将每个文本转换为整数序列或矢量。将删除所有标点符号，从而将文本转换为以空格分隔的单词序列。然后将这些序列做成列表，再对列表进行向量化处理。

Tokenizer 类的语法格式如下。

```
keras.preprocessing.text.Tokenizer(num_words=None, filters='!', lower=True,
split=' ', char_level=False, oov_token=None, document_count=0)
```

Tokenizer 类的常用参数及其说明如表 2-7 所示。

表 2-7　Tokenizer 类的常用参数及其说明

参数名称	说明
num_words	接收整数，表示保留的最大单词数，基于单词出现的频率降序排序。为 None 时表示处理所有出现的单词。注意 "0" 为保留索引，它不会分配给任何词。默认为 None
filters	接收字符串，表示要过滤掉的字符，默认为 "!"
lower	接收布尔值，表示是否转换为小写字母，默认为 True
split	接收字符串，表示用于分隔词的分隔符，默认为空格
char_level	接收布尔值，表示是否每个字符都将被视为单词，默认为 False
oov_token	接收字符串，如果该参数有值，则在词汇表中将为该值分配一个索引，所有不在词汇表中的单词都将替换为该字符串，默认为 None

利用 Tokenizer 类将文本向量化，如代码 2-14 所示。

代码 2-14　利用 Tokenizer 类将文本向量化

```
from keras.preprocessing.text import Tokenizer
samples = ['The cat jump over the dog', 'The dog ate my homework']
tokenizer = Tokenizer(num_words=1000)  # 只考虑前 1000 个出现频率最大的单词
tokenizer.fit_on_texts(samples)
sequences = tokenizer.texts_to_sequences(samples)
print(sequences)
# [[1, 3, 4, 5, 1, 2], [1, 2, 6, 7, 8]]
```

2.3　构建网络

构建网络是深度学习非常重要的一个步骤。如果网络太简单则可能无法学习到足够丰富的特征，如果网络太复杂则容易过拟合。而且，对于不同的数据，合适的网络结构才能取得较好的结果。层是 Keras 中构建神经网络的基本模块，由张量输入、张量输出、计算功能（该层的 call 函数）和一些状态组成。层的实例是可调用的，与函数非常类似。构建具有全连接层的网络如代码 2-15 所示。

代码 2-15　构建具有全连接层的网络

```
from keras import layers
import tensorflow as tf
layer = layers.Dense(32, activation='relu')
inputs = tf.random.uniform(shape=(10, 20))
outputs = layer(inputs)
```

手写数字的例子构建了一个具有一个输入层、一个形状改变层和两个全连接层的前馈神经网络，输入层图像形状为 28×28，并转换为 784 维，中间层 512 维，输出层 10 维（对应 10 个类别），如代码 2-3 所示。

2.3.1　模型生成

Keras 提供了 3 种方法建立网络模型，包括函数式方法、继承 Model 类的方法和序贯式方法。函数类方法指利用 Input 函数构建网络，继承 Model 类的方法用于实例化构建的网络，序贯式方法指利用 add() 方法增加网络中的层。

1．函数式方法

使用函数式方法构建网络时，将 Input 函数的输出作为下一个函数的输入，最终用 keras.Model 类从输入到输出建立一个计算图，即网络结构，如代码 2-16 所示。

代码 2-16　使用函数式方法构建网络

```
from keras import Model,layers
inputs = layers.Input(shape=(3,))
```

```python
x = layers.Dense(4, activation='relu')(inputs)
outputs = layers.Dense(5, activation='softmax')(x)
model = Model(inputs=inputs, outputs=outputs)
```

2. 继承 Model 类的方法

使用继承 Model 类的方法构建网络时，需要在初始化函数中定义模型中所有的层，并在 call 函数中实现模型的前向传递，如代码 2-17 所示。

代码 2-17　使用继承 Model 类的方法构建网络

```python
from keras import Model, layers

class MyModel(Model):

 def __init__(self):
  super(MyModel, self).__init__()
  self.dense1 = layers.Dense(4, activation='relu')
  self.dense2 = layers.Dense(5, activation='softmax')
  self.dropout = layers.Dropout(0.5)

 def call(self, inputs, training=False):
  x = self.dense1(inputs)
  if training:
   x = self.dropout(x, training=training)
  return self.dense2(x)

model = MyModel()
```

3. 序贯式方法

使用序贯式方法构建网络时，通过使用序列对象 keras.Sequential 的 add()方法，依次连接各网络层来构建网络，如代码 2-18 所示。

代码 2-18　使用序贯式方法构建网络

```python
from keras import Sequential, layers
model = Sequential()
model.add(layers.Dense(8))
model.add(layers.Dense(1))
```

2.3.2　核心层

Keras 的核心层包含 Input 函数、Dense 类、Activation 类、Embedding 类和 Lambda 类等，Keras 通过这些核心层构建普通的全连接网络。

第 2 章　Keras 深度学习通用流程

1. Input 函数

Input 函数用于实例化 Keras 张量，创建一个网络模型的输入层，指定输入数据的大小，从而可以作为 Dense 层等其他网络层的输入。Keras 张量是 TensorFlow 的张量对象，可以使用某些属性对 Keras 张量进行扩充。

Input 函数的语法格式如下。

```
keras.Input(shape=None, batch_size=None, name=None, dtype=None, sparse=None, tensor=None, ragged=None, **kwargs)
```

Input 函数的常用参数及其说明如表 2-8 所示。

表 2-8　Input 函数的常用参数及其说明

参数名称	说明
shape	接收一个形状元组（整数），不包括批大小，默认为 None
batch_size	接收整数，表示批大小，默认为 None
name	接收字符串，表示层的名称，默认为 None
dtype	接收字符串，表示期望的数据类型，例如 float32、float64、int32。默认为 None
sparse	接收布尔值，表示要创建的占位符是否稀疏，默认为 None
tensor	接收一个封装到 Input 层中的张量，默认为 None
ragged	接收布尔值，表示创建的占位符是否参差不齐，默认为 None

注意，在 Keras 中 Input 函数一般只适于使用函数式方法构建网络。使用序贯式方法构建网络时要使用序列对象 keras.Sequential 的 add()方法。

Input 函数的使用方法如代码 2-19 所示。

代码 2-19　Input 函数的使用方法

```
from keras import Input,layers,Model
x = Input(shape=(32,))
y = layers.Dense(16, activation='softmax')(x)
model = Model(x, y)
```

2. Dense 类

Dense 类可用于创建全连接层，最常见的情况是输入大小为(batch_size, input_dim)的数据，输出大小为(batch_size, units)的数据，其中 batch_size 表示批大小，units 表示输出空间的维度。

Dense 类的语法格式如下。

```
keras.layers.Dense(units, activation=None, use_bias=True, kernel_initializer='glorot_uniform', bias_initializer='zeros', kernel_regularizer=None, bias_regularizer=None, activity_regularizer=None, kernel_constraint=None, bias_constraint=None,**kwargs)
```

Dense 类的常用参数及其说明如表 2-9 所示。

表2-9 Dense 类的常用参数及其说明

参数名称	说明
units	接收正整数，表示输出空间的维数，无默认值
activation	接收函数句柄，表示要使用的激活函数，默认为 None
use_bias	接收布尔值，表示是否使用偏置向量，默认为 True
kernel_initializer	接收函数句柄，表示权重矩阵的初始化函数，默认为 glorot_uniform
bias_initializer	接收函数句柄，表示偏置向量的初始化函数，默认为 zeros
kernel_regularizer	接收函数句柄，表示应用于权重矩阵的正则化函数，默认为 None
bias_regularizer	接收函数句柄，表示应用于偏置向量的正则化函数，默认为 None
activity_regularizer	接收函数句柄，表示应用于图层的输出的正则化函数，默认为 None
kernel_constraint	接收函数句柄，表示应用于权重矩阵的约束函数，默认为 None
bias_constraint	接收函数句柄，表示应用于偏置向量的约束函数，默认为 None

Dense 类的使用方法如代码 2-20 所示。

代码 2-20　Dense 类的使用方法

```
# 创建一个序列模型，并添加全连接层为第一层
from keras import Sequential, layers
model = Sequential()
# 输入矩阵的大小为 (None, 16)
model.add(layers.Dense(32, activation='relu',input_shape=(16,)))
# 输出的大小为 (None, 32).
# 注意：除了第一层，不需要指定其他层的输入
model.add(layers.Dense(32))
model.output_shape
#(None, 32)
```

神经元先用输入 x 乘权重 w，然后对所有输入值与对应权重相乘后的积求和，最后将得到的和 Σ 传递给激活函数。神经元的结构如图 2-3 所示。

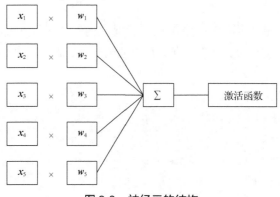

图 2-3　神经元的结构

神经网络可依靠大量的可训练的权重对输入数据做分类等任务。创建一个具有 5 个输入、1 个输出的神经元，如代码 2-21 所示。

代码 2-21　创建一个具有 5 个输入、1 个输出的神经元

```
from keras import Sequential, layers
model = Sequential()
# 输入矩阵的大小为 (None, 5)
model.add(layers.InputLayer(input_shape=(5,)))
model.add(layers.Dense(1, activation='sigmoid'))
```

一个简单的具有 2 个全连接层的神经网络，输入和输出都只有一个值，如图 2-4 所示。输入值为 x，w 表示权重，b 表示偏置项，用输入值乘各个权重再加上对应的偏置项，把得到的值输入给激活函数 Sigmoid，再用得到的值乘另一组权重后求和，最后再将所求的和加上偏置项输入给激活函数 Sigmoid，得到最终的输出值。

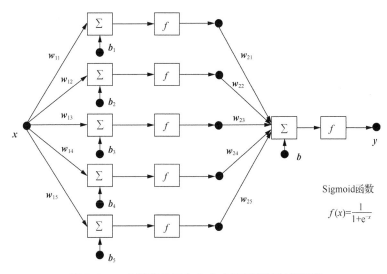

图 2-4　一个简单的具有 2 个全连接层的神经网络

创建一个具有 2 个全连接层的神经网络如代码 2-22 所示。

代码 2-22　创建一个具有 2 个全连接层的神经网络

```
from keras import Sequential,layers
model = Sequential()
model.add(layers.InputLayer(input_shape=(1,)))
model.add(layers.Dense(5, activation='sigmoid'))
model.add(layers.Dense(1, activation='sigmoid'))
```

3. Activation 类

Activation 类中的 Activation 函数用于设置激活函数。Activation 函数拥有两个参数，其中参数 activation 用于传入激活函数。

激活函数既可以通过 Activation 类设置，也可以通过全连接层的 activation 参数设置，如代码 2-23 所示。

代码 2-23　使用 Activation 类构建模型

```
from keras import Sequential,layers, activations
model = Sequential()
# 通过activation参数设置激活函数
model.add(layers.Dense(64, activation=activations.relu))
# 上一行语句等效于：
# model.add(layers.Dense(64, activation='relu'))
# 或通过Activation类设置激活函数：
# model.add(layers.Dense(64))
# model.add(layers.Activation(activations.relu))
```

Keras 中预定义了一些常用的激活函数，包括 ReLU、Sigmoid、Tanh、Softmax、Softplus、Softsign、SELU、ELU、Exponential。

（1）ReLU 函数。

ReLU 是整流线性单元激活函数。ReLU 函数返回 max(x, 0)，即按元素返回输入张量和 0 中的最大值，如图 2-5 所示。

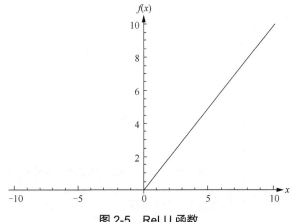

图 2-5　ReLU 函数

ReLU 函数在 Keras 中的实现为 relu 函数，relu 函数的语法格式如下。

```
tf.keras.activations.relu(x, alpha=0.0, max_value=None, threshold=0.0)
```

relu 函数的常用参数及其说明如表 2-10 所示。

表 2-10　relu 函数的常用参数及其说明

参数名称	说明
x	接收张量或变量，表示输入。无默认值
alpha	接收浮点数，表示控制斜率小于该值。默认为 0.0
max_value	接收浮点数，表示函数将返回的最大值，无默认值
threshold	接收浮点数，表示一个阈值，x 小于该阈值将输出 0，默认为 0.0

ReLU 函数是目前深度学习中比较流行的一个激活函数，相比于 Sigmoid 函数和 Tanh 函数，ReLU 函数的优点如下。

① 在输入为正数的时候，不存在梯度饱和问题。梯度饱和指的是自变量进入某个区间后，梯度变化会非常小，表现在图上就是函数曲线进入某些区域后，越来越趋近一条水平直线。梯度饱和会导致训练过程中梯度变化缓慢，从而造成模型训练的速度变慢。

② 计算速度要快很多。ReLU 函数只有线性关系，不管是前向传播还是反向传播，都比 Sigmod 和 Tanh 要快很多。

ReLU 函数的缺点是，当输入是负数的时候，ReLU 函数不会被激活。这样在前向传播过程中，有的区域是敏感的，有的区域是不敏感的；到了反向传播过程中，梯度就会完全为 0。

（2）Sigmoid 函数。

Sigmoid 函数是 S 型激活函数，定义如式（2-1）所示。

$$f(x) = \frac{1}{1+e^{-x}} \tag{2-1}$$

对于较小的值（小于-5），Sigmoid 返回接近零的值，对于较大的值（大于 5），函数返回的结果接近 1。Sigmoid 函数始终返回 0 和 1 之间的值，如图 2-6 所示。

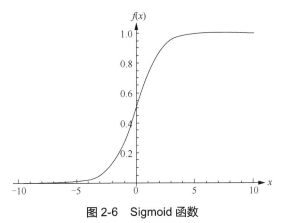

图 2-6 Sigmoid 函数

Sigmoid 函数可以理解成神经元各区域的敏感程度变化曲线，在中间斜率比较大的地方是神经元的敏感区，在两边斜率很平缓的地方是神经元的抑制区。Sigmoid 函数有如下缺点。

① 当输入稍微远离坐标原点，函数的梯度趋于平缓，几乎为 0。在神经网络反向传播的过程中，通过微分的链式法则来计算各个权重的微分。当反向传播经过了 Sigmoid 函数，这个链条上的微分将会变得很小，导致权重对损失函数几乎没影响，不利于权重的优化。

② 函数输出不以 0 为中心，会使权重更新效率降低。

（3）Tanh 函数。

Tanh 函数是双曲正切激活函数，定义如式（2-2）所示。

$$f(x) = \frac{\sinh(x)}{\cosh(x)} = \frac{e^x - e^{-x}}{e^x + e^{-x}} \tag{2-2}$$

Sigmoid 函数的值是从 0 到 1 的，而 Tanh 函数的值是从-1 到 1 的。

（4）Softmax 函数。

Softmax 函数将实向量转换为分类概率向量。输出向量的元素在(0,1)内，总和为 1。每个向量都是独立处理的。该函数可用于指定被施加 softmax 标准化的轴。Softmax 通常用作分类网络最后一层的激活函数，因为结果可以解释为概率分布。

设 $z=[z_1,z_2,\cdots,z_n]$，则 Softmax 函数表达式如式（2-3）所示。

$$f(z)_i = \frac{e^{z_i}}{\sum_{i=1}^{n} e^{z_i}} \quad (2\text{-}3)$$

下面举一个例子解释 Softmax 函数的计算过程。假如模型对一个三分类问题的预测结果为 $z=[-3,1.5,2.7]$，要用 Softmax 函数将模型结果转为概率。

① 用指数函数将预测结果转化为非负数，如下。

$$y_1 = e^{z_1} = e^{-3} \approx 0.05$$
$$y_2 = e^{z_2} = e^{1.5} \approx 4.48$$
$$y_3 = e^{z_3} = e^{2.7} \approx 14.88$$

② 归一化，使得各种预测结果概率之和等于 1，如下。

$$f(z)_1 = \frac{e^{z_1}}{\sum_{i=1}^{n} e^{z_i}} = \frac{0.05}{0.05+4.48+14.88} = 0.0026$$

$$f(z)_2 = \frac{e^{z_2}}{\sum_{i=1}^{n} e^{z_2}} = \frac{4.48}{0.05+4.48+14.88} = 0.2308$$

$$f(z)_3 = \frac{e^{z_3}}{\sum_{i=1}^{n} e^{z_3}} = \frac{14.88}{0.05+4.48+14.88} = 0.7666$$

4．Lambda 类

Lambda 类能将任意函数包装为 Layer 对象。在神经网络模型中，如果某一层需要通过一个函数去变换数据，可以利用 Lambda 类把这一步数据操作作为单独的 Lambda 层。因为该 Lambda 层的存在，所以在构造序列（Sequential）模型和功能 API 模型时可以使用任意 TensorFlow 函数。Lambda 层最适合执行简单操作或进行快速实验。Lambda 类的语法格式如下。

```
keras.layers.Lambda( function, output_shape=None, mask=None, arguments=None)
```

Lambda 类的常用参数及其说明如表 2-11 所示。

表 2-11　Lambda 类的常用参数及其说明

参数名称	说明
function	接收函数句柄，表示要评估的函数，该函数将输入张量作为第一个参数。无默认值
output_shape	接收元组，表示函数的预期输出形状，默认为 None
mask	接收函数句柄，表示掩码函数，默认为 None
arguments	要传递给函数的参数，默认为 None

Lambda 类的使用方法如代码 2-24 所示。

代码 2-24　Lambda 类的使用方法

```python
from keras import Sequential, layers
import keras as K
model = Sequential()
# 增加一个映射 x->x^2 的层
model.add(layers.Lambda(lambda x: x ** 2))

# 添加一个层，返回输入的正数、负数相反数的串联
def antirectifier(x):
    x -= K.mean(x, axis=1, keepdims=True)
    x = K.l2_normalize(x, axis=1)
    pos = K.relu(x)
    neg = K.relu(-x)
    return K.concatenate([pos, neg], axis=1)
model.add(layers.Lambda(antirectifier))
```

通常，Lambda 层可以方便地进行简单的无状态计算，但是任何更复杂的事情都应该使用继承 Layer 类的自定义层来代替。

2.3.3　自定义层

Keras 框架可以定义自己的层，这需要继承 Layer 类。Layer 类的语法格式如下。

```
keras.layers.Layer(trainable=True, name=None, dtype=None, dynamic=False, **kwargs)
```

Layer 类的常用参数及其说明如表 2-12 所示。

表 2-12　Layer 类的常用参数及其说明

参数名称	说明
trainable	接收布尔值，表示层的变量是否可训练，默认为 True
name	接收字符串，表示层的名称，默认为 None
dtype	接收字符串，表示权重的数据类型，默认为 None
dynamic	接收布尔值，表示训练的图像是否是动态图，默认为 False

Layer 类是所有层都继承的类。层是可调用对象，Layer 类以一个或多个张量作为输入并输出一个或多个张量。Layer 类涉及在方法中定义的 call 函数和在构造函数或方法中定义的状态（权重变量）。

Layer 类的常用属性如表 2-13 所示。

表 2-13 Layer 类的常用属性

属性名称	说明
name	层的名称，字符串
dtype	权重的数据类型
trainable_weights	反向传播中将包含的变量列表
non_trainable_weights	反向传播中不应包含的变量列表
weights	列表 trainable_weights 和 non_trainable_weights 的串联
trainable	是否应训练该层，即是否应将其潜在可训练的权重作为 layer.trainable_weights 的一部分返回

自定义层通常需要继承如下 Layer 的方法。

（1）__init__(self, output_dim, **kwargs)。这个方法用于初始化和自定义层所需的属性，比如 output_dim，以及一个必须执行的 super().__init__(**kwargs)，也就是 Layer 类中的初始化函数。当该函数执行后就没有必要去设置 input_shape、weights、trainable 等关键字参数，因为父类 Layer 的初始化函数已实现了这些关键字参数与 Layer 实例的绑定。

（2）build(self, input_shape)。用于创建层权重的函数，一定要有 input_shape 参数。在这个函数中需要说明权重的各方面属性，比如形状、初始化方式以及可训练性等信息。层在首次调用 call 函数时会自动运行 build 函数。

（3）call(self, *x*)。这个函数用于编写层的计算逻辑，也就是计算图。当创建好层的实例后，这个实例可以使用像函数调用那样的语法来执行 call 函数。因为输入张量 *x* 只是个形式，所以输入张量不能被事先定义。

（4）compute_output_shape(self, input_shape)。为了能让 Keras 内部形状的匹配检查通过，需要重写 compute_output_shape()方法去覆盖父类中的同名方法，来保证输出形状是正确的。父类 Layer 中的 compute_output_shape()方法直接返回的是 input_shape，所以通常需要重写这个方法。如果定义的层更改了输入张量的形状，应该在此处定义形状变化的逻辑，从而让 Keras 能够自动推断各层的形状。

Layer 类的使用方法如代码 2-25 所示。

代码 2-25 Layer 类的使用方法

```
import tensorflow as tf
from keras.layers import Layer


class SimpleDense(Layer):
 def __init__(self, units=32):
   super(SimpleDense, self).__init__()
   self.units = units


 def build(self, input_shape):    # 创建权重
```

```
    self.w = self.add_weight(shape=(input_shape[-1], self.units),
                 initializer='random_normal',
                 trainable=True)
    self.b = self.add_weight(shape=(self.units,),
                 initializer='random_normal',
                 trainable=True)

 def call(self, inputs):    # 定义从输入到输出的计算过程
    return tf.matmul(inputs, self.w) + self.b


# 初始化层的实例
linear_layer = SimpleDense(4)

# 调用 build(input_shape) 并且产生权重 weights.
y = linear_layer(tf.ones((2, 2)))
assert len(linear_layer.weights) == 2

# 权重是可训练的, 所以在 trainable_weights 列表中有如下等式
assert len(linear_layer.trainable_weights) == 2
```

除了可训练的权重之外，还可以向层添加不可训练的权重。训练层时，不得在反向传播期间考虑此类权重。给 Layer 类添加不可训练的权重，如代码 2-26 所示。

代码 2-26　给 Layer 类添加不可训练的权重

```
import tensorflow as tf
from keras.layers import Layer

class ComputeSum(Layer):
    def __init__(self, input_dim):
        super(ComputeSum, self).__init__()
        self.total = tf.Variable(initial_value=tf.zeros((input_dim,)),
trainable=False)

    def call(self, inputs):
        self.total.assign_add(tf.reduce_sum(inputs, axis=0))
        return self.total

x = tf.ones((2, 2))
my_sum = ComputeSum(2)
```

```
y = my_sum(x)
print(y.numpy())
y = my_sum(x)
print(y.numpy())
# [2. 2.]
# [4. 4.]

print('weights:', len(my_sum.weights))
# 权重: 1

print('non-trainable weights:', len(my_sum.non_trainable_weights))
# 不可训练的权重: 1

# 并没有包含在可训练的权重中
print('trainable_weights:', my_sum.trainable_weights)
# trainable_weights: []
```

如果事先并不知道层的权重大小，可以使用 build(self, inputs_shape)函数创建层的权重，层在首次调用 call 函数时会自动运行 build 函数，如代码 2-27 所示。

代码 2-27　给 Layer 类动态创建权重

```
import tensorflow as tf
from keras.layers import Layer

class Linear(Layer):
    def __init__(self, units=32):
        super(Linear, self).__init__()
        self.units = units

    def build(self, input_shape):
        self.w = self.add_weight(
            shape=(input_shape[-1], self.units),
            initializer='random_normal',
            trainable=True,
        )
        self.b = self.add_weight(
            shape=(self.units,), initializer='random_normal', trainable=True
        )
```

```
    def call(self, inputs):
        return tf.matmul(inputs, self.w) + self.b

# 事先不知道层的权重大小
linear_layer = Linear(32)

x = tf.ones((2, 2))
# 首次调用该层的 call 函数时,将动态创建该层的权重
y = linear_layer(x)
```

2.4 训练网络

构建好网络之后,就需要用大量的数据对网络进行训练。训练网络的任务就是求解网络中的所有可学习的参数,使得网络的损失越小越好。在 Keras 中,要选择合适的优化器和损失函数对网络进行训练。

手写数字识别的例子使用了 SGD 算法求解网络的参数,使用了分类交叉熵作为损失函数。本节将详细介绍常用的优化器和损失函数。

2.4.1 优化器

优化器是编译 Keras 模型所需的两个参数之一,选择 Adam 优化器,并设置学习率为 0.01,如代码 2-28 所示。

代码 2-28　Adam 优化器的使用方法

```
from keras import Sequential,optimizers,layers

model = Sequential()
model.add(layers.Dense(64, kernel_initializer='uniform', input_shape=(10,)))
model.add(layers.Activation('softmax'))

opt = optimizers.Adam(learning_rate=0.01)
model.compile(loss='categorical_crossentropy', optimizer=opt)
```

1. 学习率衰减

加快学习的一个办法就是设置合适的学习速率,简称学习率。开始训练时,学习率比较大则网络能够学习得很快,此时应该降低学习率,使误差不会来回摆动。使用学习率时间表来调整优化器的学习率,如代码 2-29 所示。

代码 2-29　使用学习率时间表来调整优化器的学习率

```
import tensorflow as tf
# 从 Keras 导入优化器
```

```
lr_schedule = tf.keras.optimizers.schedules.ExponentialDecay(
    initial_learning_rate=1e-2,  # 初始学习率
    decay_steps=10000,  # 衰减速度
    decay_rate=0.9,  # 学习率衰减系数
    staircase=False  # 是否阶梯式衰减
)
optimizer = tf.keras.optimizers.SGD(learning_rate=lr_schedule)
```

画出学习率的指数衰减图，其中平滑的曲线是通过设置 staircase=False 实现的，即指数型下降曲线；折线型曲线是通过设置 staircase=True 实现的，即阶梯式下降曲线，如图 2-7 所示。

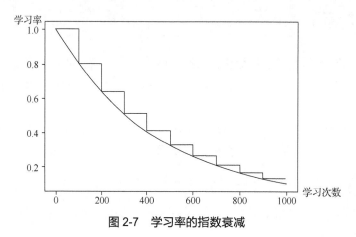

图 2-7　学习率的指数衰减

2．学习算法

神经网络的学习算法就是根据大量的训练样本不断更新可训练的权重，使损失函数达到最小值的方法。神经网络的学习算法一般是基于梯度下降的，梯度下降如图 2-8 所示。对于每个训练样本，首先初始化权重 w；然后计算损失函数 L 对每个可训练的权重 w 的导函数的值，即梯度 $\frac{\partial L}{\partial w} = \frac{\partial f(w)}{\partial w} = \lim_{\Delta w \to 0} \frac{f(w + \Delta w)}{\Delta w}$；最后在负梯度方向乘上学习率 α 并对权重进行更新，即 $w = w - \alpha \frac{\partial L}{\partial w}$。

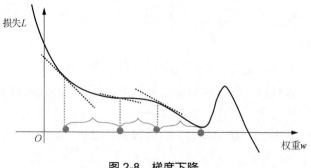

图 2-8　梯度下降

第 2 章　Keras 深度学习通用流程

通过对梯度下降算法进行变形、改进，可形成不同的学习算法（优化器）。Keras 提供了一些常用的优化器，例如 SGD 优化器、Adam 基于随机估计的一阶和二阶矩的 SGD 优化器（Adam 优化器）等。

（1）SGD 优化器。

SGD 优化器（带动量）的语法格式如下。

```
tf.keras.optimizers.SGD(learning_rate=0.01, momentum=0.0, nesterov=False, name='SGD', **kwargs)
```

SGD 优化器的常用参数及其说明如表 2-14 所示。

表 2-14　SGD 优化器的常用参数及其说明

参数名称	说明
learning_rate	接收浮点数，表示学习率，默认为 0.01
momentum	接收浮点数，表示动量，可加速相关方向的梯度下降并抑制振荡，默认为 0.0
nesterov	接收布尔值，表示是否应用涅斯捷罗夫动力，默认为 False
name	接收字符串，表示优化器的名称，默认为 SGD

SGD 优化器的计算过程如代码 2-30 所示。

代码 2-30　SGD 优化器的计算过程

```
import tensorflow as tf
opt = tf.keras.optimizers.SGD(learning_rate=0.1)
var = tf.Variable(1.0)
loss = lambda: (var ** 2) / 2.0
step_count = opt.minimize(loss, [var]).numpy()
var.numpy()
# 0.9
```

带动量的 SGD 优化器的计算过程如代码 2-31 所示。

代码 2-31　带动量的 SGD 优化器的计算过程

```
import tensorflow as tf
opt = tf.keras.optimizers.SGD(learning_rate=0.1, momentum=0.9)
var = tf.Variable(1.0)
val0 = var.value()
loss = lambda: (var ** 2)/2.0
step_count = opt.minimize(loss, [var]).numpy()
val1 = var.value()
(val0 - val1).numpy()
# 0.1
step_count = opt.minimize(loss, [var]).numpy()
```

```
val2 = var.value()
(val1 - val2).numpy()
# 0.18
```

(2) Adam 优化器。

Adam 优化器的语法格式如下。

```
tf.keras.optimizers.Adam(learning_rate=0.001, beta_1=0.9, beta_2=0.999,
epsilon=1e-07, amsgrad=False, name='Adam', **kwargs)
```

Adam 优化器的常用参数及其说明如表 2-15 所示。

表 2-15 Adam 优化器的常用参数及其说明

参数名称	说明
learning_rate	学习率，默认为 0.001
beta_1	第一阶矩估计的指数衰减率，默认为 0.9
beta_2	第二阶矩估计的指数衰减率，默认为 0.999
epsilon	提升数值稳定性的一个小常数，默认为 1e-07
amsgrad	是否应用 AMSGrad 变体，默认为 False
name	名称，默认为 Adam

Adam 优化器计算效率高，内存需求少，不影响梯度的对角线重缩放，并且非常适合数据或参数较大的问题。通常，epsilon 的默认值为 1e-07，这可能不是一个好的默认值，例如，当在 ImageNet 上训练 Inception 网络时，最佳选择是 1.0 或 0.1。

(3) 其他优化器。

Keras 可用的优化器语法格式如下。

```
optimizers.RMSprop(lr=0.001,rho =0.9, epsilon=None,decay=0.0)
optimizers.Adagrad(lr=0.01,epsilon=None, decay=0.0)
optimizers.Adadelta(lr=1.0,rho=0.95, epsilon=None, decay=0.0)
optimizers.Adamax(lr=0.002, beta_1=0.9, beta_2=0.999,epsilon=None, decay=0.0)
optimizers.Nadam(lr=0.002, beta_1=0.9, beta_2=0.999,epsilon=None,
schedule_decay=0.004)
```

Keras 优化器的公共参数 clipnorm 和 clipvalue 能在所有的优化器中使用，用于控制梯度裁剪，如代码 2-32 所示。

代码 2-32 设置优化器中的梯度裁剪

```
from keras import optimizers
# 所有参数的梯度将被裁剪到数值范围内：最大值 0.5， 最小值-0.5
Sgd = optimizers.SGD(lr=0.01, clipvalue=0.5)
```

2.4.2 损失函数

除了优化器，损失函数也是编译 Keras 模型时所需的两个参数之一。设置损失函数如代码 2-33 所示。

代码 2-33　设置损失函数

```
from keras import Sequential,layers,losses

model = Sequential()
model.add(layers.Dense(64, kernel_initializer='uniform', input_shape=(10,)))
model.add(layers.Activation('softmax'))

loss_fn = losses.SparseCategoricalCrossentropy()
model.compile(loss=loss_fn, optimizer='adam')
```

所有内置的损失函数都可以通过其字符串标识符传递，设置内置损失函数的语法格式如下。

```
model.compile(loss='sparse_categorical_crossentropy', optimizer='adam')
```

损失函数通常是通过实例化损失类来创建的，也可以以函数的参数形式提供，如 sparse_categorical_crossentropy，即在类的名字的单词之间加下画线并且首字母小写。损失类可以在实例化时传递配置参数，如下。

```
loss_fn = keras.losses.SparseCategoricalCrossentropy(from_logits=True)
```

1. 独立使用损失函数

损失函数的通用表达式为 loss_fn(y_true, y_pred, sample_weight=None)。其中，y_true 是真实标签，大小为(batch_size, d0, …, dN)；y_pred 是预测值，大小为(batch_size, d0, …, dN)；sample_weight 是每个样本的加权系数。默认情况下，损失函数会为每个输入样本返回一个标量损失值。

但是，损失类实例具有缩减构造函数的参数，该参数默认值为"sum_over_batch_size"（即平均值），可选值为"sum_over_batch_size""sum""none"。其中"sum_over_batch_size"表示损失实例将返回批中每个样本损失的平均值；"sum"表示损失实例将返回批中每个样本损失的总和；"none"表示损失实例将返回每个样本损失的完整数组。损失函数的各种返回值如代码 2-34 所示。

代码 2-34　损失函数的各种返回值

```
import tensorflow as tf

loss_fn = tf.keras.losses.MeanSquaredError(reduction='sum_over_batch_size')
loss_fn(tf.ones((2, 2,)), tf.zeros((2, 2)))
# <tf.Tensor: shape=(), dtype=float32, numpy=1.0>


loss_fn = tf.keras.losses.MeanSquaredError(reduction='sum')
loss_fn(tf.ones((2, 2,)), tf.zeros((2, 2)))
# <tf.Tensor: shape=(), dtype=float32, numpy=2.0>
```

```python
loss_fn = tf.keras.losses.MeanSquaredError(reduction='none')
loss_fn(tf.ones((2, 2,)), tf.zeros((2, 2)))
# <tf.Tensor: shape=(2,), dtype=float32, numpy=array([1., 1.], dtype=float32)>
```

注意，损失函数（如 tf.keras.losses.mean_squared_error）与默认损失类实例（如 tf.keras.losses.MeanSquaredError）之间有关键区别。损失函数不执行归约，默认情况下，损失类实例执行归约"sum_over_batch_size"，如代码 2-35 所示。

代码 2-35　损失函数和损失类实例的区别

```python
import tensorflow as tf


# 损失函数不会对多个样本的损失取平均值
loss_fn = tf.keras.losses.mean_squared_error
loss_fn(tf.ones((2, 2,)), tf.zeros((2, 2)))
# <tf.Tensor: shape=(2,), dtype=float32, numpy=array([1., 1.], dtype=float32)>


# 损失类实例默认对多个样本的损失取平均值
loss_fn = tf.keras.losses.MeanSquaredError()
loss_fn(tf.ones((2, 2,)), tf.zeros((2, 2)))
# <tf.Tensor: shape=(), dtype=float32, numpy=1.0>
```

2. 自定义损失函数

任何具有 y_true 和 y_pred 两个参数且返回一个和输入批大小相同的数组的函数 loss_fn(y_true, y_pred) 都可以作为损失函数，如代码 2-36 所示。

代码 2-36　自定义损失函数

```python
import tensorflow as tf

def my_loss_fn(y_true, y_pred):
    squared_difference = tf.square(y_true - y_pred)
    return tf.reduce_mean(squared_difference, axis=-1)

model.compile(optimizer='adam', loss=my_loss_fn)
```

3. add_loss()方法

损失函数可以由传入网络的 complie 函数的第 2 个参数进行构造，也可以在自定义层的 call 函数中使用 add_loss() 方法构造，如代码 2-37 所示。

代码 2-37　使用 add_loss() 方法构造损失函数

```python
from tensorflow.keras import layers
import tensorflow as tf
```

```
class MyActivityRegularizer(layers.Layer):
 # 在层中构造稀疏正则化损失函数

 def __init__(self, rate=1e-2):
  super(MyActivityRegularizer, self).__init__()
  self.rate = rate

 def call(self, inputs):
  # 使用add_loss()构造正则化损失函数
  self.add_loss(self.rate * tf.reduce_sum(tf.square(inputs)))
  return inputs


class SparseMLP(layers.Layer):
 # 包含稀疏正则化损失函数的全连接网络

 def __init__(self, output_dim):
  super(SparseMLP, self).__init__()
  self.dense_1 = layers.Dense(32, activation=tf.nn.relu)
  self.regularization = MyActivityRegularizer(1e-2)
  self.dense_2 = layers.Dense(output_dim)

 def call(self, inputs):
  x = self.dense_1(inputs)
  x = self.regularization(x)
  return self.dense_2(x)

mlp = SparseMLP(1)
y = mlp(tf.ones((10, 10)))

print(mlp.losses)   # 包含一个标量的列表
# [<tf.Tensor: shape=(), dtype=float32, numpy=0.8571998>]
```

4. 预定义的损失函数

Keras 预定义了一些常用的损失函数。最常用的一个就是 CategoricalCrossentropy 分类交叉熵损失函数。设第 i 个样本的真实标签是一个采用独热编码的向量 $[y_{i,1}, y_{i,2}, \cdots, y_{i,C}]$，其中只有一个元素为 1，其余为 0，$C$ 是类别数。第 i 个样本的预测标签为 $[\hat{y}_{i,1}, \hat{y}_{i,2}, \cdots, \hat{y}_{i,C}]$，其中每个 $\hat{y}_{i,C}$ 都是 0~1 之间的实数。则第 i 个样本的分类交叉熵损失 loss_i 的计算方法如式（2-4）所示。

$$\text{loss}_i = -\sum_{C=1}^{N} y_{i,C} \log \hat{y}_{i,C} \tag{2-4}$$

使用分类交叉熵损失函数分别计算具有 3 个类别的 2 个样本，如代码 2-38 所示。

代码 2-38　使用分类交叉熵损失函数计算样本

```python
from keras import losses
from keras.utils.losses_utils import Reduction

# 设具有 3 个类别的 2 个样本的 y_true 和 y_pred
y_true = [[0, 1, 0], [0, 0, 1]]  # 独热编码
y_pred = [[0.05, 0.95, 0], [0.1, 0.8, 0.1]]

# 默认对所有样本的损失取平均值
cce = losses.CategoricalCrossentropy()
cce(y_true, y_pred).numpy()
# 1.177

# 对所有样本的损失求和
cce = losses.CategoricalCrossentropy(reduction=Reduction.SUM)
cce(y_true, y_pred).numpy()
# 2.354

# 输出每个样本的损失
cce = losses.CategoricalCrossentropy(reduction=Reduction.NONE)
cce(y_true, y_pred).numpy()
# array([0.0513, 2.303], dtype=float32)
# 第 1 个样本的损失很小，意味着预测准确；第 2 个样本的损失很大，意味着预测不准确
```

如果真实标签为整数，则需要使用稀疏分类交叉熵损失函数 SparseCategoricalCrossentropy 计算样本，如代码 2-39 所示。

代码 2-39　使用稀疏分类交叉熵损失函数计算样本

```python
import tensorflow as tf

# 设有 3 个类别的 2 个样本的 y_true 和 y_pred
y_true = [1, 2]  # 整数编码，一个样本的标签用一个整数表示
y_pred = [[0.05, 0.95, 0], [0.1, 0.8, 0.1]]  # 一个样本的预测标签是一个向量
```

```python
# 默认对所有样本的损失取平均值
scce = tf.keras.losses.SparseCategoricalCrossentropy()
scce(y_true, y_pred).numpy()
# 1.177


# 对所有样本的损失求和
scce = tf.keras.losses.SparseCategoricalCrossentropy(
  reduction=tf.keras.losses.Reduction.SUM)
scce(y_true, y_pred).numpy()
# 2.354


# 输出每个样本的损失
scce = tf.keras.losses.SparseCategoricalCrossentropy(
  reduction=tf.keras.losses.Reduction.NONE)
scce(y_true, y_pred).numpy()
# array([0.0513, 2.303], dtype=float32)
```

除了分类交叉熵损失函数，Keras 还有一些预定义的损失函数，如代码 2-40 所示。

代码 2-40 Keras 的一些预定义的损失函数

```python
import keras as K


# 均方误差损失函数，相应的类为 tf.keras.losses.MeanSquaredError，以下类似
def mean_squared_error(y_true, y_pred):
  return K.mean(K.square(y_pred - y_true), axis=-1)


# 平均绝对误差损失函数
def mean_absolute_error(y_true, y_pred):
  return K.mean(K.abs(y_pred - y_true), axis=-1)


# 平均绝对百分比误差损失函数
def mean_absolute_percentage_error(y_true, y_pred):
  diff = K.abs((y_true - y_pred) / K.clip(K.abs(y_true),
                        K.epsilon(),
                        None))
  return 100. * K.mean(diff, axis=-1)


# 均方对数误差损失函数
```

```python
def mean_squared_logarithmic_error(y_true, y_pred):
    first_log = K.log(K.clip(y_pred, K.epsilon(), None) + 1.)
    second_log = K.log(K.clip(y_true, K.epsilon(), None) + 1.)
    return K.mean(K.square(first_log - second_log), axis=-1)

# 铰链损失函数
def hinge(y_true, y_pred):
    return K.mean(K.maximum(1. - y_true * y_pred, 0.), axis=-1)

# 平方铰链损失函数
def squared_hinge(y_true, y_pred):
    return K.mean(K.square(K.maximum(1. - y_true * y_pred, 0.)), axis=-1)

# 分类铰链损失函数
def categorical_hinge(y_true, y_pred):
    pos = K.sum(y_true * y_pred, axis=-1)
    neg = K.max((1. - y_true) * y_pred, axis=-1)
    return K.maximum(0., neg - pos + 1.)

# KL 散度损失函数
def kullback_leibler_divergence(y_true, y_pred):
    y_true = K.clip(y_true, K.epsilon(), 1)
    y_pred = K.clip(y_pred, K.epsilon(), 1)
    return K.sum(y_true * K.log(y_true / y_pred), axis=-1)

# 泊松损失函数
def poisson(y_true, y_pred):
    return K.mean(y_pred - y_true * K.log(y_pred + K.epsilon()), axis=-1)

# 余弦逼近损失函数
def cosine_proximity(y_true, y_pred):
    y_true = K.l2_normalize(y_true, axis=-1)
    y_pred = K.l2_normalize(y_pred, axis=-1)
    return -K.sum(y_true * y_pred, axis=-1)
```

2.4.3　训练方法

设置好优化器和损失函数后，即可使用 Keras 提供的函数进行编译和训练。

第 2 章　Keras 深度学习通用流程

1. compile 函数

compile 函数用于配置训练网络，语法格式如下。

```
compile(optimizer, loss=None, metrics=None, loss_weights=None,
sample_weight_mode=None, weighted_metrics=None, target_tensors=None)
```

compile 函数的常用参数及其说明如表 2-16 所示。

表 2-16　compile 函数的常用参数及其说明

参数名称	说明
optimizer	接收字符串（优化器名）或优化器实例，无默认值
loss	接收字符串（目标函数名）或目标函数。如果网络具有多个输出，则可以通过传递损失函数的字典或列表，在每个输出上使用不同的损失。网络最小化的损失值是所有单个损失的总和。默认为 None
metrics	接收字符串或函数，表示在训练和测试期间的网络评估标准。通常会使用 metrics = ['accuracy']。要为多输出网络的不同输出指定不同的评估标准，还可以传递一个字典，如 metrics = {'output_a': 'accuracy'}。默认为 None
loss_weights	接收指定标量系数（浮点数）的列表或字典，用以衡量损失函数对不同的网络输出的贡献。网络最小化的损失值是由 loss_weights 系数加权的总和损失。如果是列表，那么它应该是与网络输出相对应的 1:1 映射。如果是字典，那么应该把输出的名称（字符串）映射到标量系数。默认为 None
sample_weight_mode	接收字符串，表示权重加权的模式。如果需要执行按时间步采样权重（二维权重），请将其设置为 temporal。取默认值 None 时，为采样权重（一维权重）。如果网络有多个输出，则可以通过传递模式的字典或列表，以在每个输出上使用不同的 sample_weight_mode。默认为 None
weighted_metrics	接收列表，表示在训练和测试期间，由 sample_weight 或 class_weight 评估和加权的指标列表。默认为 None
target_tensors	默认情况下，Keras 将为模型的目标数据创建一个占位符，在训练过程中将使用目标数据。相反，如果想使用自己的目标张量（反过来说，Keras 在训练期间不会载入这些目标张量的外部 numpy 数据），可以通过 target_tensors 参数指定它们。它可以是单个张量（单输出模型）、张量列表，或一个映射输出名称到目标张量的字典。默认为 None

2. fit 函数

fit 函数以给定的轮次（数据集上的迭代次数）训练网络，并返回一个 History 对象。fit 函数的语法格式如下。

```
fit(x=None, y=None, batch_size=None, epochs=1, verbose=1, callbacks=None,
validation_split=0.0,validation_data=None,shuffle=True, class_weight=None,
sample_weight=None, initial_epoch=0, steps_per_epoch=None, validation_steps=
None)
```

fit 函数的常用参数及其说明如表 2-17 所示。

表 2-17　fit 函数的常用参数及其说明

参数名称	说明
x	接收训练数据的 numpy 数组（如果网络只有一个输入），或是 numpy 数组的列表（如果网络有多个输入）。如果网络中的输入层已被命名，也可以传递一个字典，将输入层的名称映射到 numpy 数组。如果从本地框架张量（例如 TensorFlow 数据张量）馈送数据，x 可以是 None。默认为 None
y	接收目标数据（标签）的 numpy 数组（如果网络只有一个输出），或是 numpy 数组的列表（如果网络有多个输出）。如果网络中的输出层已被命名，也可以传递一个字典，将输出层的名称映射到 numpy 数组。如果从本地框架张量（例如 TensorFlow 数据张量）馈送数据，y 可以是 None。默认为 None
batch_size	接收整数，表示每次梯度更新的样本数。如果未指定，默认为 None
epochs	接收整数，表示训练网络的迭代轮次。一次是在整个 x 和 y 上的一轮迭代。请注意，与 initial_epoch 一起使用时，epochs 被理解为 "最终轮次"。网络并不是训练了 epochs 轮，而是到第 epochs 轮停止训练。默认为 1
verbose	接收 0、1 或 2，表示日志显示模式。0 为不显示，1 为显示进度条，2 为每轮训练显示一行。默认为 1
callbacks	接收一系列的 keras.callbacks.Callback 实例，表示一系列可以在训练时使用的回调函数。默认为 None
validation_split	接收 0 和 1 之间的浮点数，表示用作验证集的训练数据的比例。网络将分出一部分不会被训练的验证数据，并将在每一轮训练结束时评估这些验证数据的损失和任何其他评价指标。验证数据是从混洗之前 x 和 y 数据的最后一部分样本中选择的。默认为 0.0
validation_data	接收元组(x_val,y_val)或元组(x_val,y_val,val_sample_weights)，用于评估损失，以及在每轮训练结束时的任何评价指标。网络将不会在这个数据上进行训练。这个参数会覆盖 validation_split。默认为 None
shuffle	接收布尔值，表示是否在每轮训练之前混洗数据；也可以接收字符串（batch）。batch 是处理 HDF5 数据限制的特殊选项，它对一个批内部的数据进行混洗。当 steps_per_epoch 的值不为 None 时，这个参数无效。默认为 True
class_weight	接收字典，表示从类索引（整数）到权重（浮点）值的映射，用于加权损失函数（仅在训练期间）。这可能有助于告诉网络 "更多关注" 来自代表性不足的类的样本。默认为 None
sample_weight	接收训练样本的可选 numpy 权重数组，用于对损失函数进行加权（仅在训练期间）。可以传递与输入样本长度相同的平坦（一维）numpy 数组（权重和样本之间的 1：1 映射）；或在时序数据的情况下，可以传递尺寸为(samples, sequence_length)的二维数组，以对每个样本的每个时间步施加不同的权重。在这种情况下，应该确保在 compile 函数中指定 sample_weight_mode="temporal"。默认为 None
initial_epoch	接收整数，表示开始训练的轮次（有助于恢复之前的训练）。默认为 0
steps_per_epoch	接收整数，表示在声明一个轮次完成并开始下一个轮次之前的总步数（批大小）。使用 TensorFlow 数据张量等输入张量进行训练时，取默认值 None 时，等于数据集中样本的数量除以批的大小；如果无法确定，则取 1
validation_steps	接收整数，表示要验证的总步数（批大小），只有在指定了 steps_per_epoch 时才有用。默认为 None

3. evaluate 函数

evaluate 函数在测试模式下返回网络的误差值和评估标准值，计算是分批进行的。函数返回测试误差标量（如果网络只有一个输出且没有评估标准）或标量列表（如果网络具有多个输出或评估标准）。属性 model.metrics_names 将提供标量输出的显示标签。evaluate 函数的语法格式如下。

```
evaluate(x=None, y=None, batch_size=None, verbose=1, sample_weight=None,
steps=None, callbacks=None, max_queue_size=10,workers=1, use_multiprocessing=
False, return_dict=False)
```

evaluate 函数的常用参数及其说明如表 2-18 所示。

表 2-18　evaluate 函数的常用参数及其说明

参数名称	说明
x	接收测试数据的 numpy 数组（如果网络只有一个输入），或是 numpy 数组的列表（如果网络有多个输入）。如果网络中的输入层已被命名，也可以传递一个字典，将输入层名称映射到 numpy 数组。如果从本地框架张量（例如 TensorFlow 数据张量）馈送数据，x 可以是 None。默认为 None
y	接收目标数据（标签）的 numpy 数组，或 numpy 数组的列表（如果网络具有多个输出）。如果网络中的输出层已被命名，也可以传递一个字典，将输出层的名称映射到 numpy 数组。如果从本地框架张量（例如 TensorFlow 数据张量）馈送数据，y 可以是 None。默认为 None
batch_size	接收整数，表示每批评估的样本数。如果未指定，默认为 None
verbose	接收 0 或 1，表示日志显示模式。0 为安静模式，1 为进度条模式。默认为 1
sample_weight	接收测试样本的可选 numpy 权重数组，用于对损失函数进行加权。可以传递与输入样本长度相同的扁平（一维）numpy 数组（权重和样本之间的 1∶1 映射）；或在时序数据的情况下，传递尺寸为 (samples,sequence_length) 的二维数组，以对每个样本的每个时间步施加不同的权重。在这种情况下，应该确保在 compile 函数中指定 sample_weight_mode="temporal"。默认为 None
steps	接收整数，表示评估结束之前的总步数（批大小）。默认为 None

4. predict 函数

predict 函数用于为输入样本生成输出预测，计算也是分批进行的，返回预测的 numpy 数组（或数组列表）。predict 函数的语法格式如下。

```
predict(x, batch_size=None, verbose="auto", steps=None)
```

predict 函数的常用参数及其说明如表 2-19 所示。

表 2-19　predict 函数的常用参数及其说明

参数名称	说明
x	接收 numpy 数组或 numpy 数组的列表（如果网络有多个输出），表示输入数据。无默认值

续表

参数名称	说明
batch_size	接收整数，表示每次评估的样本数。默认为 None
verbose	接收 0 或 1，表示日志显示模式。0 为安静模式，1 为进度条模式。默认为 auto
steps	接收整数，表示预测结束之前的总步数（批大小）。默认为 None

2.5 性能评估

训练网络时，需要观察损失和分类精度等评价指标的变化（即性能评估），以便调整网络参数以取得更好的效果。

在手写数字识别的例子中，为了观察损失和分类精度等评价指标在训练过程中的变化，性能监控指标 accuracy（分类精度）作为 Keras 网络的 compile 函数的 metrics 参数值来输入。同时，为了保存训练过程中得到的识别效果比较好的网络，在 fit 函数中传入 callbacks 回调函数，使得在每一代训练结束时会保存验证集分类精度最好的模型权重。

2.5.1 性能监控

性能监控函数可以作为 Keras 模型的 compile 函数的 metrics 参数值来输入，也可以独立使用。

1. 与 compile 函数一起使用 metrics

Keras 的 compile 函数带有一个 metrics 参数。该参数是评价指标的列表，指标的值将会在网络调用 fit 函数期间显示，并记录到作为 fit 函数返回值的 History 对象中，如代码 2-41 所示。

代码 2-41　与 compile 函数一起使用 metrics

```python
# 所有内置指标可以通过其字符串标识符传递
# 在这种情况下，将使用默认的指标构造函数参数值，包括默认的指标名称
import tensorflow as tf
# 与compile函数一起使用的metrics
model.compile(
  optimizer='adam',
  loss='mean_squared_error',
  metrics=[
    tf.keras.metrics.MeanSquaredError(), # 均方误差
    tf.keras.metrics.AUC(), # 曲线下的面积（Area Under the Curve）
  ]
)
```

```
# 要跟踪特定名称下的指标,可以将 name 参数传递给指标构造函数
model.compile(
  optimizer='adam',
  loss='mean_squared_error',
  metrics=[
    tf.keras.metrics.MeanSquaredError(name='my_mse'),
    tf.keras.metrics.AUC(name='my_auc'),
  ]
)
```

2. 独立使用的 metrics

与损失不同,指标是有状态的。可以使用 update_state() 方法更新其状态,并使用 result() 方法查询其度量结果,如代码 2-42 所示。

代码 2-42　独立使用的 metrics

```
from tensorflow.keras import metrics
# 独立使用的 metrics
m = metrics.AUC()
m.update_state([0, 1, 1, 1], [0, 1, 0, 0])
print('Intermediate result:', float(m.result()))


m.update_state([1, 1, 1, 1], [0, 1, 1, 0])
print('Final result:', float(m.result()))
```

在自定义训练循环中使用 metrics,如代码 2-43 所示。

代码 2-43　在自定义循环训练中使用 metrics

```
# 读取数据
from tensorflow.keras.datasets import mnist
from tensorflow.keras import utils
(x_train, y_train), (x_test, y_test) = mnist.load_data()
y_train = utils.to_categorical(y_train,num_classes=10)
y_test = utils.to_categorical(y_test,num_classes=10)
x_train, x_test = x_train / 255.0, x_test / 255.0


# 构造网络
from tensorflow.keras import Sequential, Input,layers
model = Sequential()
model.add(layers.Reshape((28 * 28, ),input_shape=(28 , 28)))
model.add(layers.Dense(512, activation='relu'))
```

```python
model.add(layers.Dense(10, activation='softmax'))

# 自定义循环训练
from tensorflow.keras import metrics,losses,optimizers
accuracy = metrics.CategoricalAccuracy()
loss_fn = losses.CategoricalCrossentropy()
optimizer = optimizers.SGD(lr=0.5)

# 对数据进行分批
import tensorflow as tf
train_dataset = tf.data.Dataset.from_tensor_slices((x_train, y_train))
train_dataset =
train_dataset.shuffle(buffer_size=1024).batch(batch_size=128)

for epoch in range(5):
  print('\nStart of epoch %d' % (epoch+1,))
  # 对数据集的所有批进行迭代
  for step, (x, y) in enumerate(train_dataset):
    with tf.GradientTape() as tape:
      logits = model(x)
      # 计算该批的所有样本的损失
      loss_value = loss_fn(y, logits)

    # 更新精度指标
    accuracy.update_state(y, logits)

    # 更新模型的权重以最小化损失
    gradients = tape.gradient(loss_value, model.trainable_weights)
    optimizer.apply_gradients(zip(gradients, model.trainable_weights))

    # 显示指标的值
    if step % 100 == 0:
      print('Step:', step, ', Training accuracy: %.3f' % accuracy.result())
```

3. 创建自定义 metrics

任何具有 y_true 和 y_pred 两个参数且返回一个和输入批大小相同的数组的函数 metric_fn（y_true, y_pred）都可以作为 metrics 参数传递给 compile 函数。任何评价指标都会自动支持样本加权。在训练和评估期间跟踪的指标值是给定迭代轮次的所有批的每批指标值的平均值,如代码 2-44 所示。

代码 2-44　创建自定义 metrics

```
def my_metric_fn(y_true, y_pred):
    squared_difference = tf.square(y_true - y_pred)
    return tf.reduce_mean(squared_difference, axis=-1)  # 注意 axis=-1

model.compile(optimizer='adam',
      loss='mean_squared_error',
      metrics=[my_metric_fn])
```

4．预定义的 metrics

Keras 预定义了一些常用的 metrics,如代码 2-45 所示。

代码 2-45　预定义的 metrics

```
import tensorflow as tf

# 精度指标
m = tf.keras.metrics.Accuracy()
m.update_state([[1], [2], [3], [4]], [[0], [2], [3], [4]])
m.result().numpy()
# 0.75


# 二分精度指标,大于 0.5 的预测值当成 1
m = tf.keras.metrics.BinaryAccuracy()
m.update_state([[1], [1], [0], [0]], [[0.98], [1], [0], [0.6]])
m.result().numpy()
# 0.75


# 类别精度指标,一个样本的类别标签是一个采用独热编码的向量
m = tf.keras.metrics.CategoricalAccuracy()
m.update_state([[0, 0, 1], [0, 1, 0]], [[0.1, 0.9, 0.8],
       [0.05, 0.95, 0]])
m.result().numpy()
# 0.5


# top k 类别精度指标,K 阶分类精度
m = tf.keras.metrics.TopKCategoricalAccuracy(k=1)
```

```python
m.update_state([[0, 0, 1], [0, 1, 0]],
        [[0.1, 0.9, 0.8], [0.05, 0.95, 0]])
m.result().numpy()
# 0.5


# 稀疏 top k 类别精度指标, 一个样本的真实类别标签是一个整数
m = tf.keras.metrics.SparseTopKCategoricalAccuracy(k=1)
m.update_state([2, 1], [[0.1, 0.9, 0.8], [0.05, 0.95, 0]])
m.result().numpy()
# 0.5


# 分类交叉熵指标, 计算公式可见相应的损失函数定义
m = tf.keras.metrics.CategoricalCrossentropy()
m.update_state([[0, 1, 0], [0, 0, 1]],
        [[0.05, 0.95, 0], [0.1, 0.8, 0.1]])
m.result().numpy()
# 1.1769392


# 稀疏分类交叉熵指标
m = tf.keras.metrics.SparseCategoricalCrossentropy()
m.update_state([1, 2],
        [[0.05, 0.95, 0], [0.1, 0.8, 0.1]])
m.result().numpy()
# 1.1769392


# KL 散度指标, 计算公式可见相应的损失函数定义
m = tf.keras.metrics.KLDivergence()
m.update_state([[0, 1], [0, 0]], [[0.6, 0.4], [0.4, 0.6]])
m.result().numpy()
# 0.45814306


# 泊松指标, 计算公式可见相应的损失函数定义
m = tf.keras.metrics.Poisson()
m.update_state([[0, 1], [0, 0]], [[1, 1], [0, 0]])
m.result().numpy()
# 0.49999997
```

```
# 均方误差指标
m = tf.keras.metrics.MeanSquaredError()
m.update_state([[0, 1], [0, 0]], [[1, 1], [0, 0]])
m.result().numpy()
# 0.25


# 平均绝对误差指标
m = tf.keras.metrics.MeanAbsoluteError()
m.update_state([[0, 1], [0, 0]], [[1, 1], [0, 0]])
m.result().numpy()
# 0.25
```

2.5.2 回调检查

回调是可以在训练的各个阶段（例如，在每轮迭代的开始或结束时，在单个批之前或之后等）执行动作的对象。回调可以在每批训练后生成 TensorBoard 日志以监控指标、定期将网络保存到磁盘、尽早停止训练、在训练期间查看网络的内部状态和统计信息等。

将回调列表（作为关键字参数 callbacks）传递给 fit 函数，如代码 2-46 所示。

代码 2-46　通过内置 fit 函数使用回调

```
from keras import callbacks
my_callbacks = [
# 每一代训练结束时保存验证集精度最高的模型权重
callbacks.ModelCheckpoint(filepath='mymodel_{epoch:02d}.h5',save_best_only=
True),
]


# 拟合模型
model.fit(x_train, y_train,
    validation_data=(x_test, y_test),
    batch_size=128,
    epochs=5,
    callbacks=my_callbacks)
```

1. ModelCheckpoint 类

ModelCheckpoint 类以一定的间隔保存模型或权重（在检查点文件中），因此可以在稍后加载模型或权重时继续训练。ModelCheckpoint 类的语法格式如下。

```
keras.callbacks.ModelCheckpoint(filepath, monitor='val_loss', verbose=0,
save_best_only=False, save_weights_only=False, mode='auto', save_freq='epoch',
options=None, **kwargs)
```

ModelCheckpoint 类的常用参数及其说明如表 2-20 所示。

表 2-20　ModelCheckpoint 类的常用参数及其说明

参数名称	说明
filepath	接收字符串，表示保存模型文件的路径，无默认值。可以包含命名的格式选项，即 epoch 和 val_loss。例如：如果 filepath 为 weights.{epoch:02d}-{val_loss:.2f}.hdf5，则表示将迭代次数和验证损失保存在文件名中
monitor	接收字符串，表示监视的是哪个指标的最大保存模型，默认为 val_loss，指验证集的分类精度。还可以是 val_accuracy
save_best_only	接收布尔值，当设置为 True 时，如果监测值有改进，则会保存当前的模型，否则在每轮迭代结束时保存模型。默认为 False
save_weights_only	接收布尔值，表示是仅保存权重还是保存整个模型。默认为 False，表示保存整个模型
mode	接收字符串，表示根据监视指标的最大化或最小化来决定如何覆盖当前保存文件，可以是 auto、max、min。默认为 auto
save_freq	接收字符串，表示保存的频率。回调支持在每轮迭代结束时或在固定数量的训练轮次之后进行保存。默认为 epoch，表示每轮结束时。如果传入整数，表示训练的轮次

ModelCheckpoint 类的使用方法如代码 2-47 所示。

代码 2-47　ModelCheckpoint 类的使用方法

```
# 读取数据
from keras.datasets import mnist
from keras import utils
(x_train, y_train), (x_test, y_test) = mnist.load_data()
y_train=utils.to_categorical(y_train,num_classes=10)
y_test=utils.to_categorical(y_test,num_classes=10)
x_train,x_test = x_train/255.0, x_test/255.0

# 构造网络
from keras import Sequential,layers,optimizers
model = Sequential()
model.add(layers.Reshape((28*28,),input_shape=(28,28)))
model.add(layers.Dense(512, activation='relu'))
model.add(layers.Dense(10, activation='softmax'))
optimizer = optimizers.SGD(lr=0.5)
model.compile(optimizer,loss='categorical_crossentropy',
metrics=['accuracy'])
```

```python
# 训练和测试
from keras import callbacks
my_callbacks = [
# 每一代训练结束时保存验证集精度最高的模型权重
callbacks.ModelCheckpoint(filepath='mymodel_{epoch:02d}.h5',save_best_only=
True),
]


# 拟合模型
model.fit(x_train, y_train,
    validation_data=(x_test, y_test),
    batch_size=128,
    epochs=5,
    callbacks=my_callbacks)


# 读取检查点文件保存的权重,以继续训练或测试
model.load_weights('mymodel_05.h5')
loss, accuracy = model.evaluate(x_test, y_test)
# val_accuracy: 0.9777
```

2. TensorBoard 类

解决复杂问题的网络往往都是很复杂的。为了方便调试参数以及调整网络结构,需要将计算图可视化,以便让用户更好地做出下一步的决策。TensorBoard 是一个非常强大的工具类,不仅可以可视化神经网络训练过程中的各种参数,而且可以更好地调整网络模型、网络参数。不管是对 TensorFlow、Keras 还是 PyTorch,TensorBoard 都提供了非常好的支持。

TensorBoard 类的语法格式如下。

```
keras.callbacks.TensorBoard(log_dir='logs', histogram_freq=0, write_graph=
True, write_images=False, update_freq='epoch', profile_batch=0,
embeddings_freq=0, embeddings_metadata=None, **kwargs)
```

TensorBoard 类的常用参数及其说明如表 2-21 所示。

表 2-21 TensorBoard 类的常用参数及其说明

参数名称	说明
log_dir	接收字符串,用于保存被 TensorBoard 分析的日志文件的文件名。默认为 logs
histogram_freq	接收整数,表示模型中各个层计算激活值和模型权重直方图的频率。为 0 时,模型权重直方图不会被计算。必须为模型权重直方图可视化指定验证数据,默认为 0

续表

参数名称	说明
write_graph	接收布尔值，表示是否在 TensorBoard 中可视化图像。如果 write_graph 被设置为 True，日志文件会变得很大。默认为 True
write_images	接收布尔值，表示是否在 TensorBoard 中将模型权重以图像形式可视化。如果设置为 True，日志文件会变得非常大，而且训练速度很慢。默认为 False
update_freq	接收 batch 或 epoch 或整数。当使用 batch 时，在每个批训练完之后将损失和评估值写入 TensorBoard 中。同样的情况也可应用到 epoch 中。如果使用整数，例如 10000，这个回调会在每 10000 个样本之后将损失和评估值写入 TensorBoard 中。注意，频繁地写入 TensorBoard 会减缓训练的速度。默认为 epoch
profile_batch	接收非负整数或整数元组，表示分析的批以采样计算特征。一对正整数表示要分析的批范围。默认情况下，它将分析第二批。profile_batch=0 表示禁用分析。默认为 0
embeddings_freq	接收整数，表示被选中的嵌入层的保存频率。默认为 0
embeddings_metadata	将 Embedding 层的名称映射为文件名的字典，该文件用于保存 Embedding 层的元数据。如果同一个元数据文件要用于所有的 Embedding 层，可以传递一个文件名。默认为 None

TensorBoard 类的使用方法如代码 2-48 所示。

代码 2-48　TensorBoard 类的使用方法

```
from tensorflow.keras.datasets import mnist
from tensorflow.keras import utils
(x_train, y_train), (x_test, y_test) = mnist.load_data()
y_train = utils.to_categorical(y_train, num_classes=10)
y_test = utils.to_categorical(y_test, num_classes=10)
x_train, x_test = x_train / 255.0, x_test / 255.0

# 构造网络
from tensorflow.keras import Sequential, Input, layers,optimizers
model = Sequential()
model.add(layers.Reshape((28 * 28, ),input_shape=(28, 28)))
model.add(layers.Dense(512, activation='relu'))
model.add(layers.Dense(10, activation='softmax'))
optimizer = optimizers.SGD(lr=0.5)
model.compile(optimizer,loss='categorical_crossentropy',
metrics=['accuracy'])
```

```
# 训练和测试
# TensorBoard 日志的路径要用 os.path.join 生成，不然在 Windows 系统下会报错
import os
log_dir = os.path.join("logs")
if not os.path.exists(log_dir):
    os.mkdir(log_dir)

from tensorflow.keras import callbacks
my_callbacks = [
    # 把训练过程需要可视化的数据保存在 log_dir 目录中
    callbacks.TensorBoard(log_dir=log_dir),
]

# 拟合模型
model.fit(x_train,
    y_train,
    validation_data=(x_test, y_test),
    batch_size=128,
    epochs=10,
    callbacks=my_callbacks)
#model.fit(x_train, y_train, batch_size=128, epochs=10, callbacks=my_callbacks)
```

训练结束之后，需要在 Anaconda Prompt 中执行 TensorBoard，此时 TensorBoard 会在后台发布一个网站，在浏览器中访问该网站即可看到 TensorBoard 可视化的结果。TensorBoard 可以通过命令 pip install tensorboard 安装。

在 Anaconda Promote 中执行如下语句。

```
tensorboard --logdir=D:\logs
```

其中，logdir 参数就是代码 2-48 中设置的路径，TensorBoard 会从该路径中读入训练好的数据，并发布一个网站进行可视化。网站的地址可以在这个命令的输出结果的最后一行看到，例如 http://localhost:6006/。在浏览器中访问这个地址，可以得到可视化的结果，如图 2-9 和图 2-10。TensorBoard 页面中有 SCALERS 和 GRAPHS 两个面板，GRAPHS 面板是通过设置 write_graph=True 来实现的。

SCALERS 面板中默认给出的是训练数据的损失和分类精度；如果有验证集，则还有验证集上的损失和分类精度。本例训练了 10 个批，而且 update_freq='epoch'是默认值。在可视化的结果中，深色的曲线是经过平滑后的，浅色的是原始数据的曲线，如图 2-9 所示。

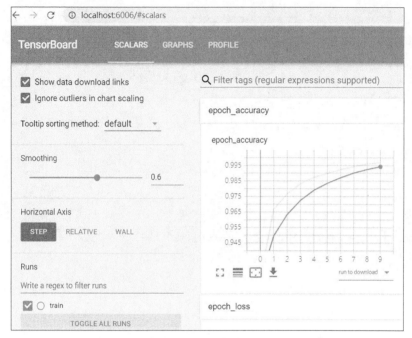

图 2-9　TensorBoard 可视化的 SCALARS 面板

GRAPHS 面板则给出了网络结构图，如图 2-10 所示。

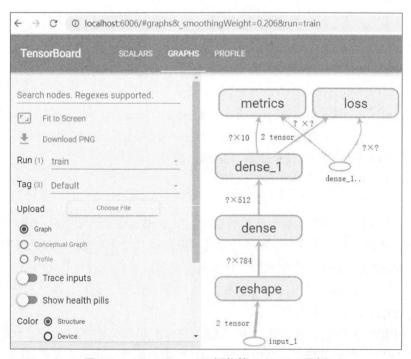

图 2-10　TensorBoard 可视化的 GRAPHS 面板

3．EarlyStopping 类

训练深度学习神经网络的时候，通常希望能获得最好的泛化性能（Generalization

第 2 章　Keras 深度学习通用流程

Performance），即可以很好地拟合数据。但是所有的标准深度学习神经网络结构，如全连接多层感知器，都很可能出现过拟合的情况，即网络在训练集上表现得越来越好，错误率越来越低，但是在测试集上的表现却越发不好。

常用的防止过拟合的方法是对模型加正则项，如 L1、L2、Dropout。但深度神经网络希望通过加深网络层次来减少优化的参数，同时得到更好的优化结果。EarlyStopping 类（提前停止，一种在使用如梯度下降之类的迭代优化方法时，对抗过拟合的正则化方法）可以在模型训练过程中截取并保存结果最优的参数模型，防止过拟合。

迭代次数增多后，达到一定程度，网络就会产生过拟合。某些情况下，会出现训练集精度一直在提升，但是测试集的精度在上升后下降。若是在 Early Stopping 的位置保存模型，则不必反复训练模型，也可找到最优解。

EarlyStopping 类的语法格式如下。

keras.callbacks.EarlyStopping(monitor="val_loss", min_delta=0, patience=0, verbose=0, mode="auto", baseline=None, restore_best_weights=False,)

EarlyStopping 类的常用参数及其说明如表 2-22 所示。

表 2-22　EarlyStopping 类的常用参数及其说明

参数名称	说明
monitor	接收字符串，表示监控的数据接口，取值有 acc、val_acc、loss、val_loss 等。正常情况下如果有验证集，就用 val_acc 或 val_loss。默认为 val_loss
min_delta	表示增大或减小的阈值，只有大于这个参数才算作有提高。这个值的大小取决于 monitor，也可反映容忍程度。其在被监测的数据中被认为是有提升的最小变化阈值，例如，小于 min_delta 的变化会被认为没有提升。默认为 0
patience	接收整数，表示能够容忍准确率在多少轮训练内都没有提高。这个设置其实是在抖动和真正的准确率下降之间做权衡。如果 patience 设置得大，那么最终得到的准确率要略低于模型可以达到的最高准确率。如果 patience 设置得小，那么模型很可能在前期抖动，在全图搜索的阶段就停止了，准确率一般很差。patience 的大小和学习率直接相关。在设定学习率的情况下，前期先训练几次，观察抖动的轮次，用比其稍大些的值设置 patience。在学习率变化的情况下，建议 patience 要略小于最大的抖动轮次。笔者在引入 EarlyStopping 之前就已经得到可以接受的结果了，EarlyStopping 算是"锦上添花"，所以 patience 设得比较高，设为抖动轮次的最大值。默认为 0
mode	接收 auto、min、max。在 min 模式下，当监视的数据量停止减少时，训练将停止；在 max 模式下，当监视的数据量停止增加时，训练将停止；在 auto 模式下，将根据监视的数据量的名称自动推断出方向。默认为 auto
baseline	接收浮点数，表示监视的基线值。如果模型没有显示出超过基线值的改善，训练将停止。默认为 None
restore_best_weights	接收布尔值，表示是否从监视数据量的最佳值轮训练轮次恢复模型权重。如果为 False，则使用在训练的最后一步获得的模型权重。默认为 False

75

EarlyStopping 类的使用方法如代码 2-49 所示。

代码 2-49　EarlyStopping 类的使用方法

```
from keras import Sequential, layers, callbacks
import numpy as np
x = np.arange(100).reshape(5, 20)
y = np.eye(10)[0:5]
# 当连续 3 轮训练的验证损失没有改善时,将停止训练
callback = callbacks.EarlyStopping(monitor='loss', patience=3)
model = Sequential([layers.Dense(10,input_shape=(20,))])
model.compile(optimizer='sgd', loss='mse')
history = model.fit(x,y,epochs=10, batch_size=1, callbacks=[callback])
len(history.history['loss'])    # 只运行了 4 轮训练
```

4. LearningRateScheduler 类

学习率对训练结果的影响很大。除了可以通过对优化器传递参数来调整学习率外,还可以通过 LearningRateScheduler 类使用回调方法。

LearningRateScheduler 类的语法格式如下。

```
keras.callbacks.LearningRateScheduler(schedule, verbose=0)
```

LearningRateScheduler 类的参数 schedule 接受一个迭代次数作为输入(整数,从 0 开始索引)和当前学习率,并返回一个新的学习率作为输出(浮点数),该参数无默认值。在每轮训练开始时,回调方法将从 schedule 提供的函数中根据当前轮训练和初始化的学习率 lr 更新学习率,并将其应用于优化器。

LearningRateScheduler 类的使用方法如代码 2-50 所示。

代码 2-50　LearningRateScheduler 类的使用方法

```
from keras import Sequential, layers, callbacks
import numpy as np
x = np.arange(100).reshape(5, 20)
y = np.eye(10)[0 : 5]

model = Sequential([layers.Dense(10, input_shape=(20,))])
model.compile(optimizer='sgd', loss='mse')


print(round(model.optimizer.lr.numpy(), 5))
# 0.01, 学习率不变


# 前 10 轮训练的学习率不变, 之后指数降低
def scheduler(epoch, lr):
    if epoch < 10:
```

```
    return lr
  else:
    return lr * np.exp(-0.1)
callback = callbacks.LearningRateScheduler(scheduler)
history = model.fit(x, y, epochs=15, batch_size=1, callbacks=[callback])
print(round(model.optimizer.lr.numpy(), 5))
# 0.00607
```

2.6 模型的保存与加载

Keras 提供了如下几种模型的保存与加载的方法。

（1）使用 model.save(filepath)将模型保存到单个 HDF5 文件中。该文件将包含：模型的结构、模型的权重、训练配置项（损失函数、优化器）、优化器状态等。保存好模型之后，可以用 model=load_model(filepath)载入程序所在目录下名为 filepath 的路径中所保存的模型，其中 load_model 是 keras.models 下的一个函数。

（2）使用 json_string= model.to_json()或 yaml_string =model.to_yaml()，返回模型结构的 JSON 格式或 YAML 格式的字符串，而非其权重或训练配置项。使用 model_from_json (json_string)或 model_from_yaml(yaml_string)函数即可恢复模型的结构，其中 model_from_json 和 model_from_yaml 是 keras.models 下的函数。

（3）使用 model.save_weights(filepath)，只保存模型的权重。model.load_weights(filepath) 可以恢复所保存的权重，但是需要模型的定义代码。如果需要将权重加载到不同结构（有一些共同名字的层）的模型中，例如微调或迁移学习，则可以按层的名字来加载权重 model.load_weights(filepath, by_name=True)。

模型的保存和加载的几种方法以及如何方便地通过层的名字获取输入数据在某一层的输出，如代码 2-51 所示。

代码 2-51 模型的保存与加载以及通过层名获取数据的输出

```
# 模型定义
from keras.models import Sequential
from keras.layers import Dense,Activation


model = Sequential()
model.add(Dense(32, activation='relu', input_dim=100))
model.add(Dense(16, activation='relu',name='Dense_1'))
model.add(Dense(1, activation='sigmoid',name='Dense_2'))
model.compile(optimizer='rmsprop',loss='binary_crossentropy',
metrics=['accuracy'])
```

```python
# 随机生成训练数据，训练模型
import numpy as np
data = np.random.random((1000, 100))
labels = np.random.randint(2, size=(1000, 1))

model.fit(data, labels, epochs=10, batch_size=32)


# model.save
# 保存模型的结构和权重
model_save_path = 'model_file_path.h5'
model.save(model_save_path)
# 删除当前已存在的模型
del model
# 加载模型，不需要模型的定义代码，即可从.h5文件恢复整个模型，包括结构和权重
from keras.models import load_model
model = load_model(model_save_path)


# model.save_weight
# 仅保存模型的权重
model_save_path = 'model_file_path.h5'
# 保存模型权重
model.save_weights(model_save_path)
# 加载模型权重，需要有模型的完整定义代码，才能够执行load_weights
model.load_weights(model_save_path)


# model.to_jason
# 仅保存模型的结构
json_string = model.to_json()
with open('model_save_file.json', 'w') as f:
    f.write(json_string)    # 将模型转为JSON格式的字符串并写入本地文件
# 读取模型结构
from keras.models import model_from_json
with open('model_save_file.json', 'r') as f:
    json_string = f.read()    # 读取本地模型的JSON文件
model = model_from_json(json_string)    # 创建一个模型（没有权重），不需要模型的定义代码


# 获取模型在某一层的输出
```

```
from keras.models import Model
# 获取某一层的输出，新建为模型，采用函数式方法
dense1_layer_model = Model(inputs=model.input,
            outputs=model.get_layer('Dense_1').output)
# 以这个模型的预测值作为输出
dense1_output = dense1_layer_model.predict(data)
print(dense1_output.shape)
print(dense1_output)
```

实训 1 利用 Keras 进行数据加载与增强

1. 训练要点

（1）掌握 Keras 图像数据加载的方法。

（2）掌握 Keras 图像数据增强的方法。

2. 需求说明

CIFAR-10 数据集一共包含 10 个类别的 RGB 彩色图片：飞机（airplane）、汽车（automobile）、鸟类（bird）、猫（cat）、鹿（deer）、狗（dog）、蛙类（frog）、马（horse）、船（ship）和卡车（truck）。图片的尺寸为 32×32，一共有 50000 张训练图片和 10000 张测试图片。设 CIFAR-10 的训练数据分别存在 10 个文件夹（不能直接使用 keras.datasets.cifar10 读取），每个文件夹的图像来自同一类别。用 Keras 的 ImageDataGenerator 类从硬盘的文件夹中分批读取图像数据进行训练，并且设置合适的参数进行实时数据增强，对比无增强时的实验结果。

训练数据文件夹结构如下，验证数据的存储方式类似。

```
training_data/
...class_a/
......a_image_1.jpg
......a_image_2.jpg
...
...class_b/
......b_image_1.jpg
......b_image_2.jpg
...
```

3. 实现思路及步骤

（1）利用模块 keras.preprocessing.image.ImageDataGenerator，传入合适的数据增强的参数来实例化一个 ImageDataGenerator 对象。

（2）利用该对象的 flow_from_directory 函数，传入训练图像所在的路径，实时读取

数据。

（3）构造一个简单的全连接神经网络，并设置好优化器和损失函数。

（4）把 flow_from_directory 函数返回的对象传入 fit 函数中，训练神经网络。

实训 2　利用 Keras 构建网络并训练

1．训练要点

（1）掌握 Keras 构建网络的方法。

（2）掌握 Keras 进行训练的方法。

2．需求说明

对 CIFAR-10 数据集（可以直接使用 keras.datasets.cifar10 读取），做如下实验。

（1）构建合适的全连接网络对数据集进行分类，并定义一个自定义的全连接层加入网络中。

（2）使用不同的激活函数，比如 ReLU、Sigmoid、Softmax，并对比结果。

（3）分别选择 SGD、Adam、RMSprop 等优化器求解模型，设置合适的参数。并使用学习率时间表来调整优化器的学习率。

（4）对比使用各种损失函数的结果：分类交叉熵损失、稀疏分类交叉熵损失、均方误差损失、KL 散度损失等。

（5）利用回调，设置检查点（ModelCheckpoint），把训练过程中对验证集分类精度最高的模型保存为.h5 文件。另写一个.py 文件，不用重新训练模型，直接读取.h5 文件和测试数据计算分类精度。

（6）利用回调，记录 TensorBoard 日志，并且在浏览器中可视化训练过程。

3．实现思路及步骤

（1）参考 2.3.2 小节实现自定义的全连接层。

（2）参考 2.3.2 小节选择使用不同的激活函数。

（3）参考 2.4.1 小节选择使用不同的优化器。

（4）参考 2.4.2 小节选择使用不同的损失函数。

（5）参考 2.5.2 小节设置回调检查。

（6）参考 2.5.2 小节设置 TensorBoard 日志并实现可视化。

小结

本章介绍了 Keras 深度学习通用流程，包括利用 Keras 进行数据加载与预处理、构建基本神经网络、设置优化器和损失函数，评估神经网络性能，保存与加载神经网络模型。此外，本章还介绍了神经网络的基本原理，以及神经网络优化的基本原理。

第 ❷ 章　Keras 深度学习通用流程

课后习题

（1）对 ImageDataGenerator 类的描述错误是（　　）。
  A. 旋转、平移等各种参数，会分别对一张原图进行增强，得到多个增强后的样本
  B. 若设置 samplewise_center=True，则所有的样本都会减去样本平均值
  C. 若设置 rescale=1.0/255.0，则所有的样本都除以 255
  D. ImageDataGenerator 类的 flow_from_directory 函数中，可以设置 target_size 使得所有的图片调整为指定大小

（2）以下有关神经网络的描述，错误的是（　　）。
  A. 图 2-4 中的神经网络的可训练参数有 16 个
  B. 当输入是负数时，ReLU 激活函数的值可以不为 0
  C. Sigmoid 激活函数把负无穷到正无穷的输入规范化为 0~1 之间的输出
  D. Softmax 激活函数将元素为负无穷到正无穷的输入向量，转化为每个元素都在 0~1 之间的输出向量，并且各分量的和为 1

（3）在神经网络中引入了非线性的是（　　）。
  A. 随机梯度下降　　　　　　　B. 修正线性单元（ReLU）
  C. 多维输入数据　　　　　　　D. 以上都不正确

（4）以下有关神经网络优化器的描述，错误的是（　　）。
  A. 神经网络的学习算法就是根据大量的训练样本不断更新可训练的权重，使得损失函数达到最小值的方法
  B. 任何具有 y_true 和 y_pred 两个参数并且返回一个和输入批大小相同的数组的函数都可以作为损失函数
  C. 分类交叉熵损失函数要求输入的样本标签为独热编码
  D. 稀疏分类交叉熵损失函数要求输入的样本标签为独热编码

（5）以下有关神经网络性能评估的描述，错误的是（　　）。
  A. 性能监控函数可以作为 Keras 模型的 compile 函数的 metrics 参数值来输入，也可以独立使用
  B. 任何形如 metric_fn(y_true, y_pred) 的函数都可以作为 metrics 传递给 compile 函数
  C. 回调是可以在 fit 函数执行过程中的各个阶段执行动作的对象
  D. TensorBoard 可以将神经网络的计算图可视化

第 3 章 Keras 深度学习基础

Keras 是深度学习框架之一，相对于其他深度学习的框架，如 Tensorflow、Theano、Caffe 等，它的优点是已经高度模块化，能够快速构建常见的深度神经网络（卷积神经网络、循环神经网络和生成对抗网络等），提高开发效率。本章介绍常见的深度学习网络及对应的 Keras 实现方法。

学习目标

（1）掌握卷积神经网络中的常用网络层的基本原理与实现方法。
（2）掌握循环神经网络中的常用网络层的基本原理与实现方法。
（3）掌握生成对抗网络中的常用网络层的基本原理与实现方法。

3.1 卷积神经网络基础

卷积神经网络是一类包含卷积计算且具有深度结构的神经网络，是深度学习的代表算法之一。卷积神经网络采取的权重共享理念降低了训练过程的复杂程度，分层局部连接的结构使其适合处理图像分类等任务。杨立昆等人提出了一个目前使用得最为广泛的卷积神经网络，它的网络结构由卷积层和下采样层交替构成，并用误差梯度的方式进行训练。具有高维像素的图像可以直接输入卷积神经网络，降低了特征提取和分类过程中数据重建的复杂度。卷积神经网络有诸多变体，均在大规模图像分类方面取得了优异的成绩，例如 AlexNet、VGGNet、GoogLeNet 和 ResNet 等。除了图像分类，卷积神经网络还在很多其他研究领域取得了巨大的成功，如语音识别、图像分割、自然语言处理等。

经典的卷积神经网络 LeNet-5 主要有 2 个卷积层、2 个池化层（下采样层）、3 个全连接层，LeNet-5 的网络结构如图 3-1 所示。

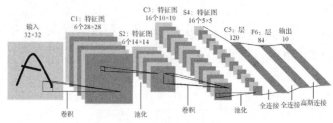

图 3-1 LeNet-5 的网络结构

第 3 章 Keras 深度学习基础

3.1.1 卷积神经网络中的常用网络层

本小节介绍 Keras 实现卷积神经网络时使用的常用网络层,包括卷积层、池化层、归一化层和正则化层,并解释每个层的计算原理,特别是各种常用卷积操作的计算过程。另外,Keras 实现卷积神经网络时通常还需要用到创建全连接层的 Dense 类和设置激活函数的 Activation 类,这两部分内容在 2.3.2 小节中已经详细介绍。

1. 卷积层

卷积能够很好地提取信号的特征,由于卷积有权值共享的特点,因此它能够大大减少可训练权重的数量。常见的卷积有一维、二维和三维卷积,其中,二维卷积(滤波)是图像处理的常用操作,可以提取图像的边缘特征、去除噪声等。离散二维卷积公式如式(3-1)所示。

$$S(i,j) = (I \times W)(i,j) = \sum_m \sum_n I(i+m, j+n) W(m,n) \qquad (3\text{-}1)$$

其中,I 为二维输入图像,W 为卷积核,$S(i,j)$ 为得到的卷积结果在坐标 (i,j) 处的数值。遍历 m 和 n 时,$(i+m, j+n)$ 可能会超出图像 I 的边界,所以要对图像 I 进行边界延拓,或者限制 i 和 j 的范围。

二维卷积的计算过程如图 3-2 所示。

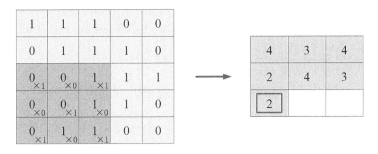

图 3-2 二维卷积的计算过程

图 3-2 中,原始图片大小为 5×5,卷积核是一个大小为 3×3 的矩阵 $\begin{pmatrix} 1 & 0 & 1 \\ 0 & 1 & 0 \\ 1 & 0 & 1 \end{pmatrix}$,所得到的卷积结果的大小为 3×3。卷积核从左到右、从上到下依次对图片中相应的 3×3 的区域做内积,每次滑动一个像素。例如,卷积结果中的深色框标记的"2",是通过对原始图片中 3×3 的深色区域的像素值和卷积核做内积得到的,计算过程如下。

$$0 \times 1 + 0 \times 0 + 1 \times 1 +$$
$$0 \times 0 + 0 \times 1 + 1 \times 0 +$$
$$0 \times 1 + 1 \times 0 + 1 \times 1 = 2$$

从图 3-2 中还可以看到,如果把原始图片和卷积结果的每个像素点看成一个神经元,并且把原始图片和卷积结果看成前馈神经网络中两个相连的层,那么卷积结果的每个神经元所用的连接权重都是相同的卷积核中的 9 个数,即每个输出神经元的权重是共享的,这

Keras 与深度学习实战

比全连接网络中的权重数量少了很多。

（1）Conv2D。

Conv2D（二维卷积）类将创建一个卷积核，该卷积核对层输入进行卷积，以生成输出张量。Conv2D 类的语法格式如下。

```
keras.layers.Conv2D( filters, kernel_size, strides=(1, 1), padding="valid",
data_format=None, dilation_rate=(1, 1), groups=1, activation=None,
use_bias=True, kernel_initializer="glorot_uniform", bias_initializer="zeros",
kernel_regularizer=None, bias_regularizer=None, activity_regularizer=None,
kernel_constraint=None, bias_constraint=None, **kwargs)
```

Conv2D 类的常用参数及其说明如表 3-1 所示。

表 3-1 Conv2D 类的常用参数及其说明

参数名称	说明
filters	接收整数，表示输出数据的通道数量（卷积中滤波器的数量），无默认值
kernel_size	接收 1 个整数或用 2 个整数表示的元组或列表，指明 2D 卷积核的宽度和高度。可以是 1 个整数，为所有空间维度指定相同的值，无默认值
strides	接收 1 个整数或用 2 个整数表示的元组或列表，指明卷积核沿宽度和高度方向的步长。可以是 1 个整数，为所有空间维度指定相同的值。若 strides=2，则输出形状的宽度和高度都将会减半。参数 strides 和参数 dilation_rate 必须至少有一个为(1,1)。默认为(1,1)
padding	接收 valid 或 same（大小写敏感）。valid 表示不进行边界延拓，会导致卷积后的通道尺寸变小。same 表示进行边界延拓，使得卷积后的通道尺寸不变。默认为 valid
data_format	接收字符串，取值为 channels_last 或 channels_first，表示输入中维度的顺序。channels_last 对应输入尺寸为(batch_size, height, width, channels)，channels_first 对应输入尺寸为(batch_size, channels, height, width)。默认情况下为从 Keras 配置文件 ~/.keras/keras.json 中找到的 image_data_format 值。如果未设置该参数，将使用 channels_last。默认为 None
dilation_rate	接收 1 个整数或用 2 个整数表示的元组或列表，指定扩张（空洞）卷积的膨胀率。可以是 1 个整数，为所有空间维度指定相同的值。一个膨胀率为 2 的 3×3 卷积核，其感受野与 5×5 的卷积核相同，而且仅需要 9 个参数。默认为(1,1)
activation	接收要使用的激活函数（详见 activations）。如果不指定，则不使用激活函数（即线性激活）。默认为 None
use_bias	接收布尔值，表示该层是否使用偏置向量。默认为 True

如果 use_bias 为 True，则会创建一个偏置向量并将其添加到输出中。如果 activation 不是 None，它也会用于输出。当使用二维卷积层作为网络第一层时，需要给网络提供 input_shape 参数。

Conv2D 类的用法实例如代码 3-1 所示。

代码 3-1　Conv2D 类的用法实例

```
import tensorflow as tf
# 默认 padding 为 valid，不进行边界延拓，会导致卷积后的通道尺寸变小
# 输入 4 个样本，每个样本是一个三通道分辨率为 28×28 的彩色图片
input_shape = (4, 28, 28, 3)
x = tf.random.normal(input_shape)
y = tf.keras.layers.Conv2D(2, 3, activation='relu')(x)
print(y.shape)
# (4, 26, 26, 2)


# padding 为 same，使得卷积后的通道尺寸不变
input_shape = (4, 28, 28, 3)
x = tf.random.normal(input_shape)
y = tf.keras.layers.Conv2D(2, 3, activation='relu', padding='same')(x)
print(y.shape)
# (4, 28, 28, 2)
```

若将膨胀率参数 dilation_rate 设置为 2，则卷积核的尺寸将扩大一倍，然后按照普通卷积的过程对图像进行卷积。一个膨胀率为 2 的 3×3 卷积核如图 3-3 所示，其感受野与 5×5 的卷积核相同，而且仅需要 9 个参数。当然，实际计算时没有必要对卷积核填充为 0 的地方和图像相应的像素点计算内积。在相同的计算条件下，空洞卷积提供了更大的感受野。空洞卷积经常用在实时图像分割中。当网络层需要较大的感受野，而计算资源有限且无法提高卷积核数量或增加大小时，可以考虑空洞卷积。

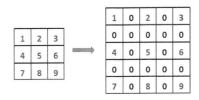

图 3-3　一个膨胀率为 2 的 3×3 卷积核

（2）SeparableConv2D。

深度方向的 SeparableConv2D（可分离二维卷积）的操作包括两个部分。首先执行深度方向的空间卷积（分别作用于每个输入通道），如图 3-4 所示。

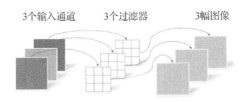

图 3-4　深度方向的空间卷积

然后将所得输出通道混合在一起进行逐点卷积，如图 3-5 所示。

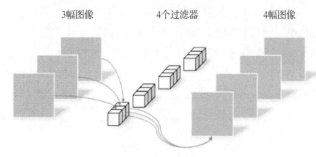

图 3-5　逐点卷积

SeparableConv2D 的计算过程如图 3-6 所示。

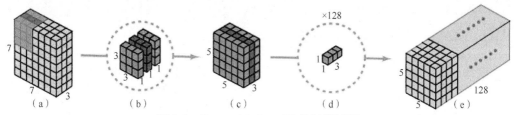

图 3-6　SeparableConv2D 的计算过程

假设输入层的数据的大小是 7×7×3（高×宽×通道），在 SeparableConv2D 的第一步中，不将 Conv2D 中 3 个 3×3 的卷积算子作为一个卷积核，而是分开使用 3 个卷积算子，每个卷积算子的大小为 3×3；一个大小为 3×3 的卷积算子与输入层的一个通道（仅一个通道，而非所有通道）做卷积运算，得到 1 个大小为 5×5 的映射图；然后将这些映射图堆叠在一起，得到一个 5×5×3 的中间数据。第一步的计算过程如图 3-6 的（a）～（c）所示。

在 SeparableConv2D 的第二步中，为了扩展深度，用 1 个大小为 1×1 的卷积核，每个卷积核有 3 个 1×1 的卷积算子，对 5×5×3 的中间数据进行卷积，可得到 1 个大小为 5×5 的输出通道。用 128 个 1×1 的卷积核，则可以得到 128 个输出通道。第二步的计算过程如图 3-6 的（d）（e）所示。

SeparableConv2D 会显著降低 Conv2D 中参数的数量。对于深度较浅的网络而言，如只有一到两个卷积层时，如果用 SeparableConv2D 替代 Conv2D，网络的能力可能会显著下降，得到的网络可能是次优的。但是，如果运用得当，SeparableConv2D 能在不降低网络性能的前提下实现效率提升。可分离的卷积可以理解为将卷积核分解成两个较小的卷积核。

在 Keras 中，SeparableConv2D 类的语法格式如下。

```
keras.layers.SeparableConv2D(filters, kernel_size, strides=(1, 1), padding=
'valid', data_format=None, dilation_rate=(1, 1), depth_multiplier=1,
activation=None, use_bias=True, depthwise_initializer='glorot_uniform',
pointwise_initializer='glorot_uniform', bias_initializer='zeros',
```

```
depthwise_regularizer=None, pointwise_regularizer=None, bias_regularizer=None,
activity_regularizer=None, depthwise_constraint=None, pointwise_constraint=None,
bias_constraint=None)
```

SeparableConv2D 类的常用参数及其说明类似表 3-1。

（3）DepthwiseConv2D。

DepthwiseConv2D（深度可分离二维卷积）的第一步是执行深度方向的空间卷积（其分别作用于每个输入通道），如图 3-4 所示。

DepthwiseConv2D 类的语法格式如下。

```
keras.layers.DepthwiseConv2D(kernel_size, strides=(1, 1), padding='valid',
depth_multiplier=1,data_format=None, dilation_rate=(1, 1), activation=None,
use_bias=True,depthwise_initializer='glorot_uniform',bias_initializer='zeros',
depthwise_regularizer=None,bias_regularizer=None, activity_regularizer=None,
depthwise_constraint=None,bias_constraint=None, **kwargs)
```

depth_multiplier 参数用于控制深度卷积步骤中每个输入通道生成多少个输出通道。DepthwiseConv2D 的参数类似 SeparableConv2D，只是少了 filters 参数，因为输出通道的数量等于输入通道的数量乘 depth_multiplier 值。

DepthwiseConv2D 类的常用参数及其说明类似表 3-1。

（4）Conv2DTranspose。

Conv2DTranspose（转置二维卷积）常常用于卷积神经网络中对特征图进行上采样。Conv2DTranspose 对普通卷积操作中的卷积核做转置处理，将普通卷积的输出作为转置卷积的输入，而将转置卷积的输出作为普通卷积的输入。

普通卷积的计算过程如图 3-7 所示。

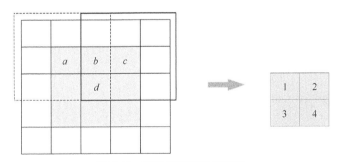

图 3-7　普通卷积的计算过程

图 3-7 所示是一个卷积核大小为 3×3、步长为 2、填充值为 1 的普通卷积。卷积核在虚线框位置时输出元素 1，在实线框位置时输出元素 2。输入元素 a 仅和输出元素 1 有运算关系，而输入元素 b 和输出元素 1、2 均有关系。同理 c 只和元素 2 有关，而 d 和 1、2、3 和 4 这 4 个元素都有关。在使用 Conv2DTranspose 时，依然应该保持这个连接关系不变。

Conv2DTranspose 的计算过程如图 3-8 所示。

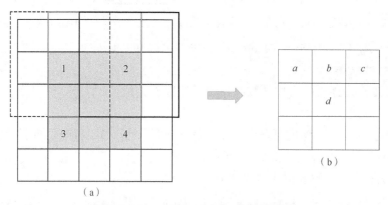

图 3-8　Conv2DTranspose 的计算过程

将图 3-8 中特征图（a）作为输入，特征图（b）作为输出，并且保证连接关系不变。即 a 只和 1 有关，b 与 1、2 两个元素有关，其他以此类推。先用数值 0 给左边的特征图做插值，使相邻两个元素的间隔为卷积的步长值，即插值的个数，同时边缘也需要补与插值数量相等的 0。这时卷积核的滑动步长就不再是 2，而是 1。步长值体现在插值补 0 的过程中。

Conv2DTranspose 类的语法格式如下。

```
keras.layers.Conv2DTranspose(filters, kernel_size, strides=(1, 1), padding=
'valid', output_padding=None, data_format=None, dilation_rate=(1, 1), activation=
None, use_bias=True, kernel_initializer='glorot_uniform', bias_initializer=
'zeros', kernel_regularizer=None, bias_regularizer=None, activity_regularizer=
None, kernel_constraint=None, bias_constraint=None)
```

Conv2DTranspose 类中的 output_padding 参数用于接收 1 个整数或用 2 个整数表示的元组或列表，以指定沿张量的高度和宽度的输出填充量。沿给定维度的输出填充量必须低于沿同一维度的步长。如果该参数接收的值为"None"（默认），那么将自动推理输出尺寸。

Conv2DTranspose 类的常用参数及其说明类似表 3-1。

（5）Conv3D。

Conv3D（三维卷积）的计算过程如图 3-9 所示。

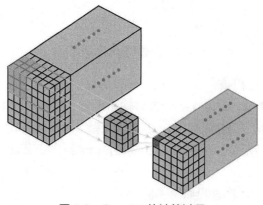

图 3-9　Conv3D 的计算过程

左上方部分只有 1 个输入通道、1 个输出通道、1 个三维的卷积算子（3×3×3）。如果有 64 个输入通道（每个通道输入一个三维的数据），要得到 32 个输出通道（每个通道也输出一个三维的数据），则需要 32 个卷积核，每个卷积核有 64 个 3×3×3 的卷积算子。Conv3D 中可训练的参数的数量通常远远多于普通的 Conv2D。

需要注意，Conv3D 的输入要求是一个五维的张量，即[批大小,长度,宽度,高度,通道数]，而 Conv2D 的输入要求是一个四维的张量，即[批大小,宽度,高度,通道数]。如果 Conv3D 和 Conv2D 混合使用，则要用 Reshape 层调整相应的输入数据的大小（调整数据大小时忽略第一维的批大小）。

在 Keras 中的，Conv3D 的语法格式如下，其参数和二维卷积基本一致，只是输入和输出多了一维。

```
keras.layers.Conv3D(filters, kernel_size, strides=(1, 1, 1), padding="valid",
data_format=None,  dilation_rate=(1, 1, 1), groups=1, activation=None,
use_bias=True, kernel_initializer="glorot_uniform",  bias_initializer=
"zeros", kernel_regularizer=None, bias_regularizer=None, activity_regularizer=
None,  kernel_constraint=None, bias_constraint=None, **kwargs)
```

Conv3D 类的用法实例如代码 3-2 所示。

代码 3-2　Conv3D 类的用法实例

```
# 输入是大小为 28×28×28 的单通道数据，批的大小是 4
input_shape =(4, 28, 28, 28, 64)
x = tf.random.normal(input_shape)
y = tf.keras.layers.Conv3D(32, kernel_size=3, activation='relu', input_shape=
input_shape[1:])(x)
print(y.shape)
# (4, 26, 26, 26, 32)
```

2. 池化层

在卷积层中，可以通过调节步长参数来达到减小输出尺寸的目的。池化层同样基于局部相关性的思想，在局部相关的一组元素中进行采样或信息聚合，从而得到新的元素值。如最大池化（Max Pooling）层返回局部相关元素集中最大的元素值，平均池化（Average Pooling）层返回局部相关元素集中元素的平均值。

池化即下采样（Downsampling），目的是减少特征图的尺寸。池化操作对于每个卷积后的特征图都是独立进行的，池化窗口规模一般为 2×2。相对于卷积层进行的卷积运算，池化层进行的运算一般有以下几种。

（1）最大池化。取 4 个元素的最大值。这是最常用的池化方法。

（2）平均值池化。取 4 个元素的平均值。

（3）高斯池化。借鉴高斯模糊的方法。不常用。

如果池化层的输入单元大小不是 2 的整数倍，则一般采取边缘补零（Zero Padding）的方式补成 2 的整数倍，再池化。

MaxPooling2D（二维最大池化）的计算过程如图 3-10 所示，其中池化窗口大小为(2,2)，步长大小为(2,2)，由一个大小为 4×4 的通道池化得到一个大小为 2×2 的通道。

图 3-10　MaxPooling2D 的计算过程

MaxPooling2D 类的语法格式如下。

```
keras.layers.MaxPooling2D( pool_size=(2, 2), strides=None, padding="valid",
data_format=None, **kwargs)
```

MaxPooling2D 类的常用参数及其说明如表 3-2 所示。

表 3-2　MaxPooling2D 类的常用参数及其说明

参数名称	说明
pool_size	接收 1 个整数或者用同一个整数表示的元组或列表，表示池化窗口的大小。默认为(2,2)，即每 2×2 个像素中取一个最大值
strides	接收 1 个整数或用 2 个整数表示的元组或列表，指明卷积核沿宽度和高度方向的步长。可以是 1 个整数，为所有空间维度指定相同的值。默认为 None，即 strides=pool_size
padding	接收 valid 或 same（大小写敏感）。valid 表示不进行边界延拓，会导致卷积后的通道尺寸变小。same 表示进行边界延拓，使得卷积后的通道尺寸不变。默认为 valid

MaxPooling2D 类的用法实例如代码 3-3 所示。

代码 3-3　MaxPooling2D 类的用法实例

```
import tensorflow as tf
# 步长大小为(1,1)
x = tf.constant([[1., 2., 3.],
        [4., 5., 6.],
        [7., 8., 9.]])
x = tf.reshape(x, [1, 3, 3, 1])
max_pool_2d = tf.keras.layers.MaxPooling2D(pool_size=(2, 2), strides=(1, 1),
padding='valid')
max_pool_2d(x)
# <tf.Tensor: shape=(1, 2, 2, 1), dtype=float32, numpy=
#  array([[[[5.], [6.]],
```

```
#        [[8.], [9.]]]], dtype=float32)>

# strides =(1,1)和padding ="valid"
x = tf.constant([[1., 2., 3., 4.],
        [5., 6., 7., 8.],
        [9., 10., 11., 12.]])
x = tf.reshape(x, [1, 3, 4, 1])
max_pool_2d = tf.keras.layers.MaxPooling2D(pool_size=(2, 2), strides=(1, 1),
padding='valid')
max_pool_2d(x)
# <tf.Tensor: shape=(1, 2, 3, 1), dtype=float32, numpy=
# array([[[[ 6.], [ 7.], [ 8.]],
#       [[10.], [11.], [12.]]]], dtype=float32)>
```

3. 归一化层

对于浅层网络来说，随着网络训练的进行，当每层中参数更新时，靠近输出层的输出较难出现剧烈变化。但对深度神经网络来说，即使输入数据已做标准化，训练中网络参数的更新依然很容易造成网络输出值的剧烈变化。这种计算数值的不稳定性会导致操作者难以训练出有效的深度网络。

归一化层利用小批上的平均值和标准差，不断调整网络的中间输出，从而使整个网络在各层的中间输出的数值更稳定，提高训练网络的有效性。

归一化层目前主要有 5 种，批归一化（Batch Normalization，BN）层、层归一化（Layer Normalization，LN）层、实例归一化（Instance Normalization，IN）层、组归一化（Group Normalization，GN）层和可切换归一化（Switchable Normalization，SN）层。

深度网络中的数据维度格式一般是[N,C,H,W]或者[N,H,W,C]，N 是批大小，H/W 是特征的高度/宽度，C 是特征的通道。压缩 H/W 至一个维度，4 种归一化层的三维表示如图 3-11 所示。

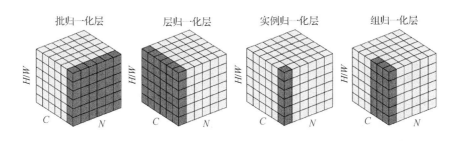

图 3-11　4 种归一化层的三维表示

批归一化层的特性如下。

（1）批归一化层的计算方式是将每个通道的 N、H、W 单独拿出来进行归一化处理。

(2) N 越小，批归一化层的表现越不好，因为计算过程中所得到的平均值和方差不能代表全局。

层归一化层的特性如下。

(1) 层归一化层的计算方式是将 C、H、W 单独拿出来进行归一化处理，不受 N 的影响。

(2) 常用在循环神经网络中，但是如果输入的特征区别很大，则不建议使用层归一化层做归一化处理。

实例归一化层的特性如下。

(1) 实例归一化层的计算方式是将 H、W 单独拿出来进行归一化处理，不受 C 和 N 的影响。

(2) 常用在风格化迁移中，但是如果特征图可以用到通道之间的相关性，则不建议使用实例归一化层做归一化处理。

组归一化层的特性如下。

(1) 组归一化层的计算过程：首先将 C 分成 G 组，然后将 C、H、W 单独取出进行归一化处理，最后将 G 组归一化之后的数据合并。

(2) 组归一化层介于层归一化层和实例归一化层之间，例如，G 的大小可以为 1 或者为 C。

可切换归一化层的特性如下。

(1) 将批归一化层、层归一化层和实例归一化层结合，分别为它们赋予权重，让网络自己去学习归一化层应该使用什么方法。

(2) 因为结合了多个归一化层，所以训练方式复杂。

深度学习中最常用的归一化层是批归一化层。批归一化层应用了一种变换，该变换可将该批所有样本在每个特征上的平均值保持在 0 左右，将标准偏差保持在 1 左右。把可能逐渐向非线性传递函数（如 Sigmoid 函数）取值的极限饱和区靠拢的分布，强制拉回到平均值为 0、方差为 1 的标准正态分布，使得规范化后的输出落入对下一层的神经元较为敏感的区域，以此避免梯度消失问题。因为梯度一直都能保持比较大的状态，所以神经网络参数的调整效率比较高，即向损失函数最优值"迈动的步子"大，加快收敛速度。对于每个标准化的通道，批归一化层返回的内容如下。

$$\frac{\text{batch} - \text{mean}(\text{batch})}{\text{var}(\text{batch}) + \text{epsilon}} \times \text{gamma} + \text{beta}$$

其中各参数的意义如下。

- epsilon 是一个小的常数（可作为构造函数参数的一部分进行配置）
- gamma 是一个可学习的缩放因子（初始化为 1），可以通过传递 scale=False 给构造函数来禁用它。
- beta 是一个可学习的偏移因子（初始化为 0），可以通过传递 center=False 给构造函数来禁用它。

BatchNormalization 类的语法格式如下。

```
keras.layers.BatchNormalization( axis=-1, momentum=0.99, epsilon=0.001,
center=True, scale=True,  beta_initializer="zeros", gamma_initializer=
"ones", moving_mean_initializer="zeros", moving_variance_initializer="ones",
beta_regularizer=None, gamma_regularizer=None, beta_constraint=None,
gamma_constraint=None, renorm=False, renorm_clipping=None, renorm_momentum=
0.99, fused=None, trainable=True, virtual_batch_size=None, adjustment=None,
name=None, **kwargs)
```

BatchNormalization 类的常用参数及其说明如表 3-3 所示。

表 3-3　BatchNormalization 类的常用参数及其说明

参数名称	说明
axis	接收整数,表示要规范化的轴,通常为特征轴。例如在进行 data_format="channels_first"的二维卷积后,一般会设 axis=1。默认为-1
momentum	接收浮点数,表示动态平均值的动量。默认为 0.99
epsilon	接收大于 0 的小浮点数,用于防止出现除 0 错误。默认为 0.001
center	接收布尔值,若设为 True,将会将 beta 作为偏置加上去,否则忽略参数 beta。默认为 True
scale	接收布尔值,若设为 True,则会乘 gamma,否则不使用 gamma。当下一层是线性的时,可以设为 False,因为缩放的操作将被下一层执行。默认为 True

BatchNormalization 类的用法实例如代码 3-4 所示。

代码 3-4　BatchNormalization 类的用法实例

```
from keras import Sequential,layers
model = Sequential()
model.add(layers.Reshape((28*28,),input_shape=(28,28)))
model.add(layers.Dense(512, activation='relu'))
model.add(layers.BatchNormalization())
model.add(layers.Dense(10, activation='softmax'))
```

4．正则化层

在深度神经网络中,如果网络的参数较多,而训练样本较少,则训练出来的网络可能产生过拟合的现象。过拟合的具体表现为,网络在训练集上的表现好,预测准确率较高;但是在测试集的表现不好,预测准确率较低。

(1) Dense 层。

正则化的英文为 regularizaiton,直译为规则化。设置正则化的目的是防止网络过拟合,进而增强网络的泛化能力。最终目的是让泛化误差(Generalization Error)的值无限接近于甚至等于测试误差(Test Error)的值。

对过拟合曲线与正则化后的曲线的模拟，如图 3-12 所示。其中上下剧烈波动的曲线为过拟合曲线，而平滑的曲线则是正则化后的曲线。正则化给训练的目标函数加上一些规则，限制其曲线变化的幅度。

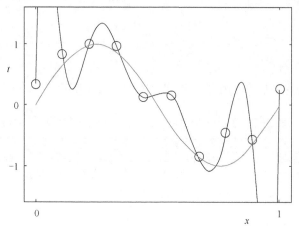

图 3-12　过拟合与正则化

Dense 类用于实现 Dense 层，从而构造正则化层，其语法格式详见第 2 章 2.3.2 小节对 Dense 类目介绍。

Dense 类的参数 kernel_regularizer 表示应用于权重矩阵的正则化函数，bias_regularizer 表示应用于偏置向量的正则化函数，activity_regularizer 表示应用于层输出的正则化函数。

使用 Dense 类构建 Dense 层，如代码 3-5 所示。

代码 3-5　使用 Dense 类构建 Dense 层

```
from keras import layers
from keras import regularizers

layer = layers.Dense(
    units=64,
    kernel_regularizer=regularizers.l1_l2(l1=0.0001, l2=0.0001),
    bias_regularizer=regularizers.l1(0.001),
    activity_regularizer=regularizers.l2(0.0001)
)
```

其中，L1 正则化是指权重矩阵 *w* 或偏置向量 *b* 中各个元素的绝对值之和越小越好，表示如式（3-2）所示。

$$\min_{w,b} L(w,b) + \alpha \|w\|_1 \tag{3-2}$$

$L(w,b)$ 是原有的损失函数，$\alpha\|w\|_1$ 是 L1 正则化项，α 就是传入 regularizers.l1 函数里面的第一个参数。L2 正则化可以使得权重矩阵 *w* 尽量稀疏，即大部分分量都为 0。而 L2

正则化是指权重矩阵 w 中各个元素的平方和再开根号，通常表示为 $\alpha\|w\|_2$。需要注意的是，Keras 的 regularizers.l2 函数只求每个元素的平方和，不开根号。施加 L2 正则化可以使权重矩阵 w 的各个分量尽量小。L1 正则化和 L2 正则化都可以防止过拟合。

通过 layer.losses 查看 Keras 层的正则化惩罚如代码 3-6 所示。

代码 3-6　查看 Keras 层的正则化惩罚

```
import tensorflow as tf
layer = tf.keras.layers.Dense(5, kernel_initializer='ones', # 所有分量初始化为1
                kernel_regularizer=tf.keras.regularizers.l1(0.01),
                activity_regularizer=tf.keras.regularizers.l2(0.01))
tensor = tf.ones(shape=(5, 5)) * 2.0
out = layer(tensor)
print(layer.get_weights()) # 权重是一个5×5的矩阵，全部分量为1。偏置向量为0
print(out) # 输入5×5的矩阵，每个分量都为2，输出5×5的矩阵，每个分量都为10
# 权重矩阵的L1正则化项的值为 0.01×5×5=0.25
# 输出的L2正则化项的值为 0.01×25×10^2/5= 5
print(tf.math.reduce_sum(layer.losses))  # 5.25（5 + 0.25）
```

任何输入为一个权重矩阵且返回为一个损失贡献张量（作为损失返回的张量）的函数，都可以作为正则化器，如代码 3-7 所示。

代码 3-7　自定义正则化器

```
from keras import backend as K
from keras.layers import Dense
def l1_reg(weight_matrix):
    return 0.01 * K.sum(K.abs(weight_matrix))
model.add(Dense(64, input_dim=64, kernel_regularizer=l1_reg))
```

（2）Dropout 层。

Dropout 是正则化技术之一，用于在网络中对抗过拟合。Dropout 有效的原因是 Dropout 层能够使网络避免在训练数据上产生复杂的相互适应。Dropout 这个术语代指在神经网络中丢弃部分神经元（包括隐藏神经元和可见神经元）。在训练阶段，Dropout 使得每次训练只有部分网络结构的参数得到更新，因而是一种高效的神经网络模型平均化的方法。

前向传播时，让某个神经元的激活值以一定的概率停止工作，可以使网络泛化性更强，因为神经元不会太依赖某些局部的特征。随机（临时）删除网络中一些隐藏层的神经元，得到修改后的网络。然后使一小批输入数据前向传播，再把得到的损失通过修改后的网络反向传播，按照 SGD 更新对应的参数（只更新没有被删除的神经元的权重）。最后恢复被删除的神经元，重复此过程。Dropout 层的工作示意如图 3-13 所示。

Keras 与深度学习实战

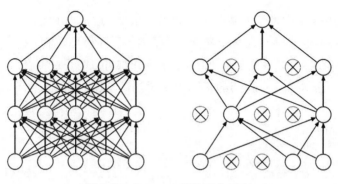

图 3-13 Dropout 层的工作示意

在 Keras 中，Dropout 类的语法格式如下。

```
tf.keras.layers.Dropout(rate, noise_shape=None, seed=None,***kwargs)
```

Dropout 类的常用参数及其说明如表 3-4 所示。

表 3-4 Dropout 类的常用参数及其说明

参数名称	说明
rate	接收在 0 和 1 之间的浮点数，表示需要丢弃的输入比例。无默认值
noise_shape	接收整数张量，表示将与输入相乘的二进制 Dropout 层的形状。例如，如果输入尺寸为 (batch_size, timesteps, features)，并希望 Dropout 层在所有时间步都是一样的，则可以使用 noise_shape=(batch_size, 1, features)。默认为 None
seed	接收整数，表示随机种子。默认为 None

使用 Dropout 类构建 Dropout 层，如代码 3-8 所示。

代码 3-8 使用 Dropout 类构建 Dropout 层

```
import tensorflow as tf
import numpy as np
tf.random.set_seed(0)
layer = tf.keras.layers.Dropout(0.5, input_shape=(2,))
data = np.arange(20).reshape(5, 4).astype(np.float32)
outputs = layer(data, training=True)
```

3.1.2 基于卷积神经网络的手写数字识别实例

2.1 节介绍了使用 Keras 实现基于全连接网络的手写数字识别实例，本小节将介绍一个基于卷积神经网络的手写数字识别实例，如代码 3-9 所示。

代码 3-9 基于卷积神经网络的手写数字识别实例

```
# 读取数据
from keras.datasets import mnist
from keras import utils
```

```
(x_train, y_train), (x_test, y_test) = mnist.load_data()
y_train=utils.to_categorical(y_train,num_classes=10)
y_test=utils.to_categorical(y_test,num_classes=10)
x_train,x_test = x_train/255.0, x_test/255.0

# 构造网络
from keras import Sequential,layers,optimizers
model = Sequential( [
    # 二维卷积操作的输入数据要求：[样本数,宽度,高度,通道数]
    layers.Reshape((28,28,1),input_shape=(28,28)),
    # 3×3 的卷积核，输出 32 个通道
    layers.Conv2D(32, kernel_size=(3, 3), activation='relu'),
    # 取 2×2 窗口的最大值进行池化
    layers.MaxPooling2D(pool_size=(2, 2)),
    layers.Conv2D(64, kernel_size=(3, 3), activation='relu'),
    layers.MaxPooling2D(pool_size=(2, 2)),
    layers.Conv2D(64, kernel_size=(3, 3), activation='relu'),
    # 把上一层得到的结果展平成一维向量（3×3×64=576）
    layers.Flatten(),
    # 训练时，每批随机选 50%的权重固定不更新
    layers.Dropout(0.5),
    layers.Dense(64, activation='relu'),
    layers.Dense(10, activation='softmax'),
])
model.summary()
optimizer = optimizers.Adam(lr=0.001)
model.compile(optimizer,loss='categorical_crossentropy',
metrics=['accuracy'])

# 训练和测试
model.fit(x_train, y_train, batch_size=128, epochs=5)
loss, accuracy = model.evaluate(x_test, y_test)
```

运行代码 3-9，得到输出如下。

```
Model: "sequential"
_____
Layer (type)                 Output Shape              Param #
=================================================================
```

```
reshape_1 (Reshape)        (None, 28, 28, 1)      0
_____
conv2d_1 (Conv2D)          (None, 26, 26, 32)     320
_____
max_pooling2d_1            (None, 13, 13, 32)     0
_____
conv2d_2 (Conv2D)          (None, 11, 11, 64)     18496
_____
max_pooling2d_2            (None, 5, 5, 64)       0
_____
conv2d_3(Conv2D)           (None, 3, 3, 64)       36928
_____
flatten_1 (Flatten)        (None, 576)            0
_____
dropout_1 (Dropout)        (None, 576)            0
_____
dense_1 (Dense)            (None, 64)             36928
_____
dense_2 (Dense)            (None, 10)             650
=================================================================
Total params: 93,322
Trainable params: 93,322
Non-trainable params: 0
_____

Train on 60000 samples
Epoch 1/5
60000/60000 [==============================] - 2s 37us/sample - loss: 0.3160 - accuracy: 0.8988
Epoch 2/5
60000/60000 [==============================] - 2s 33us/sample - loss: 0.0831 - accuracy: 0.9740
Epoch 3/5
60000/60000 [==============================] - 2s 32us/sample - loss: 0.0643 - accuracy: 0.9807
Epoch 4/5
60000/60000 [==============================] - 2s 32us/sample - loss: 0.0520
```

```
- accuracy: 0.9836
Epoch 5/5
60000/60000 [==============================] - 2s 33us/sample - loss: 0.0443
- accuracy: 0.9862


10000/10000 [==============================] - 1s 64us/sample - loss: 0.0244
- accuracy: 0.9927
```

代码 3-9 中，在 conv2d_1 中进行卷积并在 max_pooling2d_1 中进行池化后，得到 32 个通道的大小为(13,13)的数据，经过一个卷积核大小为 3×3 的卷积层 conv2d_2，输出 64 个通道，这个卷积层有(32×3×3+1)×64=18496 个可训练的参数。需要注意，Conv2D 用不同的卷积参数对不同的输入通道进行卷积，然后加上一个常数项，最后得到一个输出通道。整个网络一共有 93322 个可训练的参数。

2.1 节的全连接网络得到了 98.02%的测试集准确率，此处卷积神经网络取得了 99.27%的测试集准确率。在图像分类的任务中，卷积神经网络通常能取得比全连接网络高得多的测试集准确率。

3.1.3 常用卷积神经网络算法及其结构

本小节介绍 LeNet-5、AlexNet、VGGNet、GoogLeNet 和 ResNet 等常用的卷积神经网络算法及其结构。

1. LeNet-5

LeNet-5 是杨立昆在 1998 年设计的用于手写数字识别的卷积神经网络，它是早期卷积神经网络中具有代表性的网络结构之一。LeNet-5 共有 7 层（不包括输入层），每层都包含不同数量的训练参数，如图 3-1 所示。

LeNet-5 中主要有 2 个卷积层、2 个池化层和 3 个全连接层。具体的 Keras 实现可参考代码 3-9。由于当时缺乏大规模训练数据，计算机的计算能力也跟不上，LeNet-5 对复杂问题的处理结果并不理想。不过，通过对 LeNet-5 的网络结构的分析，可以直观地了解卷积神经网络的构建方法，可以为分析、构建更复杂、更多层的卷积神经网络做准备。

2. AlexNet

AlexNet 于 2012 年由亚历克斯·克里泽夫斯基（Alex Krizhevsky）、伊利亚·苏茨克维（Ilya Sutskever）和杰弗里·欣顿等人提出，在 2012 年的 ILSVRC 中取得了最佳的成绩，从此卷积神经网络变体才开始被大众熟知。ILSVRC 是 ImageNet 发起的挑战，是计算机视觉领域的"奥运会"。全世界的团队带着他们的网络来对 ImageNet 中数以千万的、共 1000 个类别的图片进行分类、定位、识别，这是一个相当有难度的工作。AlexNet 的网络结构如图 3-14 所示。

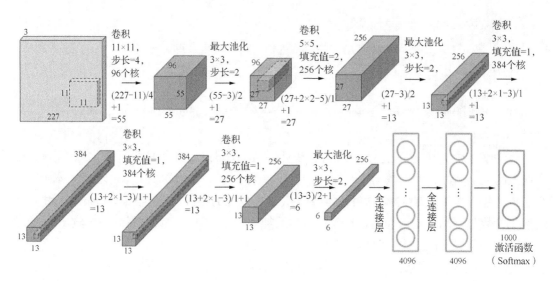

图 3-14　AlexNet 的网络结构

输入的图像的尺寸是 256×256，然后通过随机裁剪，得到大小为 227×227 的图像，将其输入网络，最后得到 1000 个数值为 0~1 之间的输出，代表输入样本的类别。

2012 年的 ILSVRC 中，ImageNet 数据集对 AlexNet 网络进行了训练，该数据包含 22000 多个类别的超过 1500 万个带注释的图像。AlexNet 网络的构建使用了 ReLU 激活函数，缩短了训练时间，这是因为 ReLU 函数比传统的 tanh 函数快几倍；还使用了数据增强技术，包括图像转换、水平反射等；添加了 Dropout 层，以解决训练数据过拟合的问题；使用基于小批的 SGD 优化算法训练网络，具有动量和重量衰减的特定值。AlexNet 网络每一层权重均初始化为平均值为 0、标准差为 0.01 的高斯分布，第二层、第四层和第五层的卷积的偏置被设置为 1.0，而其他层的则设置为 0，目的是加速初期学习的速率（因为激活函数是 ReLU，1.0 的偏置可以让大部分输出为正）；学习率（学习的速率）初始值为 0.01，在训练结束前共减小 3 次，每次减小都出现在错误率停止下降的时候，每次减小都是把学习率除以 10。

3. VGGNet

VGGNet（Visual Geometry Group Network）于 2014 年被牛津大学的卡连·西蒙扬（Karen Simonyan）和安德鲁·齐瑟曼（Andrew Zisserman）提出，主要特点是"深度且简洁"。深度指的是 VGGNet 有 19 层，远远超过了之前的卷积神经网络变体。简洁则在于它在结构上一律采用步长为 1 的 3×3 的卷积核，以及步长为 2 的 2×2 的最大池化窗口。

VGGNet 一共有 6 种不同的网络结构，但是每种结构都含有 5 组卷积，每组卷积都使用 3×3 的卷积核，每组卷积后进行 2×2 的最大池化，接下来是 3 个全连接层。在训练高级别的网络时，可以先训练低级别的网络，用前者获得的权重初始化高级别的网络，可以加快网络的收敛。

VGGNet 的网络结构如图 3-15 所示。其中，网络结构 D 就是著名的 VGG16，网络结构 E 就是著名的 VGG19。

卷积网络配置					
A	A-LRN	B	C	D	E
11 权重	11 权重	13 权重	16 权重	16 权重	19 权重
输入（224×224RGB图像）					
conv3-64	conv3-64 LRN	conv3-64 **conv3-64**	conv3-64 conv3-64	conv3-64 conv3-64	conv3-64 conv3-64
最大池化层					
conv3-128	conv3-128	conv3-128 **conv3-128**	conv3-128 conv3-128	conv3-128 conv3-128	conv3-128 conv3-128
最大池化层					
conv3-256 conv3-256	conv3-256 conv3-256	conv3-256 conv3-256	conv3-256 conv3-256 **conv1-256**	conv3-256 conv3-256 **conv3-256**	conv3-256 conv3-256 conv3-256 conv3-256
最大池化层					
conv3-512 conv3-512	conv3-512 conv3-512	conv3-512 conv3-512	conv3-512 conv3-512 **conv1-512**	conv3-512 conv3-512 **conv3-512**	conv3-512 conv3-512 conv3-512 **conv3-512**
最大池化层					
conv3-512 conv3-512	conv3-512 conv3-512	conv3-512 conv3-512	conv3-512 conv3-512 **conv1-512**	conv3-512 conv3-512 **conv3-512**	conv3-512 conv3-512 conv3-512 **conv3-512**
最大池化层					
全连接层-4096					
全连接层-4096					
全连接层-1000					
激活函数（Softmax）					

图 3-15 VGGNet 的网络结构

VGGNet 在训练时有一个小技巧，先训练低级别的简单网络 A，再复用 A 网络的权重来初始化后面的几个复杂网络，这样训练收敛的速度更快。在预测时，VGGNet 首先采用多尺度缩放的方法，将图像调整到一个尺寸，并将其输入卷积网络计算；然后在最后一个卷积层使用滑动窗口的方式进行分类预测，将不同窗口的分类结果平均，再将不同尺寸的结果平均，从而得到最后的结果，这样可提高图像数据的利用率并提升预测准确率。在训练中，VGGNet 还使用了多尺度的方法进行数据增强，将原始图像缩放到不同的尺寸，再将其随机裁切为 224×224 的图像，这样能增加很多数据量，对于防止网络过拟合有很不错的效果。

在训练的过程中，VGGNet 比 AlexNet 收敛得要快一些，首先是因为 VGGNet 使用小卷积核和更深的网络进行正则化。其次是因为 VGGNet 在特定的层使用预训练得到的数据进行参数初始化。

在 VGGNet 中，仅使用 3×3 的卷积，与 AlexNet 第一层 11×11 卷积完全不同。两个 3×3 的卷积层的组合具有 5×5 的有效感受野，这可以模拟更大的卷积，同时保持较小卷积的优

Keras 与深度学习实战

势，减少了参数的数量。随着层数的增加，数据空间减小（池化层的结果），但在每个池化层之后输出通道数量翻倍。在 VGGNet 中，使用 Keras 构建网络，在每个转换层之后使用 ReLU 层并使用小批梯度下降进行训练，局部响应标准化（Local Response Normalization，LRN）层作用不大。

VGG16 网络在 Keras 中的实现如代码 3-10 所示。

代码 3-10　VGG16 网络在 Keras 中的实现

```
from keras.models import Sequential
from keras.layers import Dense, Flatten, Dropout
from keras.layers.convolutional import Conv2D, MaxPooling2D
import numpy as np

seed = 7
np.random.seed(seed)

model = Sequential()
model.add(Conv2D(64, (3, 3), strides=(1, 1),
        input_shape=(224, 224, 3),
        padding='same',
        activation='relu',
        kernel_initializer='uniform'))
model.add(Conv2D(64, (3, 3), strides=(1, 1),
        padding='same',
        activation='relu',
        kernel_initializer='uniform'))
model.add(MaxPooling2D(pool_size=(2, 2)))
model.add(Conv2D(128, (3, 2), strides=(1, 1),
        padding='same',
        activation='relu',
        kernel_initializer='uniform'))
model.add(MaxPooling2D(pool_size=(2, 2)))
model.add(Conv2D(512, (3, 3), strides=(1, 1),
        padding='same',
        activation='relu',
        kernel_initializer='uniform'))
model.add(Conv2D(512, (3, 3), strides=(1, 1),
        padding='same',
        activation='relu',
        kernel_initializer='uniform'))
model.add(Conv2D(512, (3, 3), strides=(1, 1),
        padding='same',
        activation='relu',
        kernel_initializer='uniform'))
model.add(MaxPooling2D(pool_size=(2, 2)))
model.add(Conv2D(512, (3, 3), strides=(1, 1),
        padding='same',
        activation='relu',
        kernel_initializer='uniform'))
model.add(Conv2D(512, (3, 3),
```

```
'uniform'))
model.add(Conv2D(128, (3, 3),
strides=(1, 1),
        padding='same',
        activation='relu',
        kernel_initializer=
'uniform'))
model.add(MaxPooling2D(pool_size=(2,
2)))
model.add(Conv2D(256, (3, 3),
strides=(1, 1),
        padding='same',
        activation='relu',
        kernel_initializer=
'uniform'))
model.add(Conv2D(256, (3, 3),
strides=(1, 1),
        padding='same',
        activation='relu',
        kernel_initializer=
'uniform'))
model.add(Conv2D(256, (3, 3),
strides=(1, 1),
        padding='same',
        activation='relu',
        strides=(1, 1),
        padding='same',
        activation='relu',
        kernel_initializer=
'uniform'))
model.add(Conv2D(512, (3, 3),
strides=(1, 1),
        padding='same',
        activation='relu',
        kernel_initializer=
'uniform'))
model.add(MaxPooling2D(pool_
size=(2, 2)))
model.add(Flatten())
model.add(Dense(4096, activation=
'relu'))
model.add(Dropout(0.5))
model.add(Dense(4096, activation=
'relu'))
model.add(Dropout(0.5))
model.add(Dense(1000, activation=
'softmax'))
model.compile(loss='categorical_
crossentropy',
        optimizer='sgd',
        metrics=['accuracy'])
model.summary()
```

4．GoogLeNet

GoogLeNet 是 2014 年克里斯蒂安·塞盖迪（Christian Szegedy）提出的一种全新的深度学习结构，在这之前，AlexNet、VGGNet 等网络结构都是通过增加网络的深度（层数）来获得更好的训练效果的，但层数的增加会带来很多负作用，如过拟合、梯度消失和梯度爆炸等。GoogLeNet 提出的 Inception 结构，可以从另一个角度来提升训练结果，能更高效地利用计算资源，在相同的计算量下能提取到更多的特征，如图 3-16 所示。图 3-16（a）是最初版本的 Inception 结构，图 3-16（b）是能降维的 Inception 结构，该结构对某一层同时用多个不同大小的卷积核进行卷积，再将其连接在一起，这种结构可以自动找到一个不同大小卷积核的最优搭配。

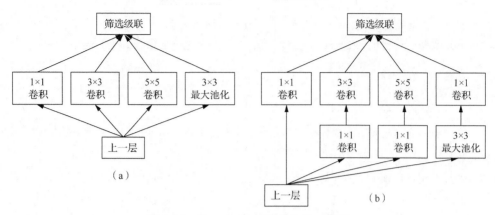

图 3-16 GoogLeNet 的 Inception 结构

5. ResNet

ResNet 于 2015 年由微软亚洲研究院的学者们提出。卷积神经网络面临的一个问题是，随着层数的增加，卷积神经网络会遇到瓶颈，其效果甚至会不增反降。这通常是由梯度爆炸或者梯度消失引起的。ResNet 就是为了解决这个问题而提出的，可用于训练更深的网络。它引入了一个残差块（Residual Block）结构，如图 3-17 所示。

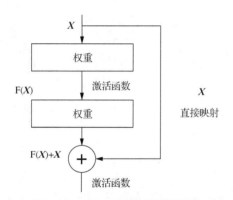

图 3-17 ResNet 中的残差块结构

在 ResNet 中，网络的深度可以达到 152 层，具有"超深"的网络结构。有趣的是，在前两层之后，空间大小从 224×224 的输入体积压缩到 56×56。ResNet 是拥有较佳分类性能的卷积神经网络架构，是残差学习理念的重要创新。

用预训练好的 ResNet-50 对 CIFAR-10 数据集进行图像分类，如代码 3-11 所示。

代码 3-11 用预训练好的 ResNet-50 对 CIFAR-10 数据集进行图像分类

```
# 用预训练好的 ResNet-50 进行图像分类，并根据自己的数据微调网络权重
from keras.applications.resnet50 import ResNet50,preprocess_input
from keras.layers import Flatten, Dense, Input, GlobalMaxPooling2D
from keras.models import Model
from keras.datasets import cifar10
from keras import utils
```

```python
from keras.regularizers import l2
import numpy as np
import cv2
# 加载数据
(x_train,y_train), (x_test,y_test) = cifar10.load_data()
# 类别数
num_class = len(np.unique(y_train))


# 数据预处理
y_train = utils.to_categorical(y_train, num_classes=10)
y_test = utils.to_categorical(y_test, num_classes=10)
# 规范化每张图片的像素值为 -1 到 1
x_train = preprocess_input(x_train)
x_test = preprocess_input(x_test)


# 缩放原始图像尺寸到(im_w,im_h,3)
im_w=64
im_h=64
x_train_reshape = np.zeros((len(x_train), im_w, im_h, 3))
for i in range(len(x_train)):
    img = x_train[i]
    img = cv2.resize(img, (im_w, im_h))
    x_train_reshape[i, :, :, :] = img

x_test_reshape = np.zeros((len(x_test), im_w, im_h, 3))
for i in range(len(x_test)):
    img = x_test[i]
    img = cv2.resize(img,(im_w, im_h))
    x_test_reshape[i, :, :, :] = img


# ResNet-50, 加载预训练权重
# 若没有网络文件,则自动下载(由于下载速度很慢,所以建议先把网络文件放进相应的目录)
# C:\Users\Administrator\.keras\models\resnet50_weights_tf_dim_ordering_tf_kernels_notop.h5
base_model = ResNet50(input_shape=(im_w, im_h, 3),
           include_top=False,
           weights='imagenet')
```

```
base_model.trainable=False
x = base_model.output
x = Flatten()(x)
x = Dense(512, activation='relu', kernel_regularizer=l2(0.0003))(x)
predictions = Dense(num_class, activation='softmax')(x)
model = Model(inputs=base_model.input, outputs=predictions)
model.compile(optimizer='adam',
        loss='categorical_crossentropy',
        metrics=['accuracy'])
model.summary()  # 网络各层的输出大小


# 训练
# 更改迭代,此处 epochs=50 时才能获得比较高的分类精度
model.fit(x_train_reshape, y_train, epochs=2, batch_size=128,)
#model.save_weights('resnet_turn_cifar10.h5')


# 测试
loss, accuracy = model.evaluate(x_test_reshape, y_test)
print('测试分类精度为: ', np.round(accuracy, 4))
```

3.2 循环神经网络

前馈神经网络,如 3.1 节中的卷积神经网络,都只能单独处理每一个输入,前一个输入和后一个输入是没有关联的。但是,某些任务需要处理序列信息,即前面的输入和后面的输入是有关联的。例如,当理解一句话的意思时,孤立地理解这句话的每个词将无法理解整句话的意思,需要理解这些词连接起来的整个序列;处理视频的时候,也不能单独地分析每一帧,而是要分析将这些帧连接起来后的整个序列。

以自然语言处理中一个非常简单的词性标注的任务为例,将"我""吃""苹果"这 3 个词标注词性为:"我"(名词),"吃"(动词),"苹果"(名词)。普通的前馈神经网络把每个单词及其词性作为独立的输入和输出,但是在一个句子中,前一个词其实对于当前词的词性预测是有影响的。例如,预测"苹果"的词性时,由于前面的"吃"是一个动词,则"苹果"是名词的概率就会大于是动词的概率,因为动词后面接名词很常见,而动词后面接动词很少见。

为了解决一些类似的序列问题,更好地处理序列的信息,循环神经网络就诞生了。循环神经网络是一类以序列数据为输入,在序列的演进方向递归且所有节点(循环单元)按链式连接的递归神经网络(Recursive Neural Network)。循环神经网络的研究始于 20 世纪 80 年代至 90 年代,并在 21 世纪初发展为深度学习算法之一,其中双向长短时记忆循环神

经网络（Bidirectional LSTM RNN）和长短时记忆（Long Short-Term Memory，LSTM）网络是常用的循环神经网络。

循环神经网络具有记忆性，因此在对序列的非线性特征进行学习时具有一定优势。循环神经网络被用于自然语言处理领域，如语音识别、语言建模、机器翻译等，也被用于各类时间序列预报。引入卷积神经网络的循环神经网络可以处理包含序列输入的计算机视觉问题。

循环神经网络的隐藏层结构如图 3-18 所示。其中，$X=[x_1,x_2,\cdots,x_m]^T$ 是一个单词的输入向量（Embedding 层的输出）；$S=[s_1,s_2,\cdots,s_n]^T$ 是隐藏层的各个神经元的输出向量；U 是输入层到隐藏层的权重矩阵，V 是隐藏层到输出层的权重矩阵；O 是输出层的各个神经元的输出向量。

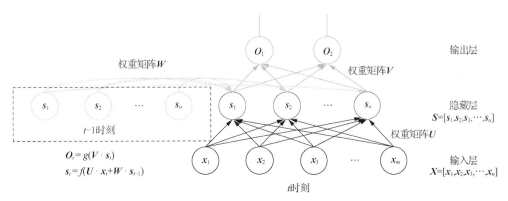

图 3-18　循环神经网络的隐藏层结构

循环神经网络的隐藏层的输出向量 s_t 不仅取决于当前时刻（单词）t 的输入 x_t，还取决于上一个时刻（单词）$t-1$ 的隐藏层的输出向量 s_{t-1}，即 $s_t=f(U\cdot x_t+W\cdot s_{t-1})$。其中，权重矩阵 W 表示隐藏层上一个时刻的输出向量作为这一次的输入的权重。

将图 3-18 中的隐藏层按时间线展开，如图 3-19 所示。假设一句话有 4 个单词，每个单词的 Embedding 层的输出向量作为 t 时刻的输入 x_t，整个网络的输出可以在最后一个单词输入后得到。

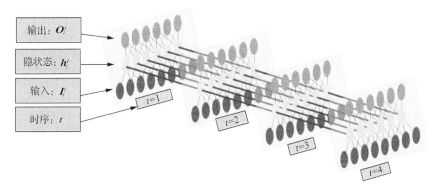

图 3-19　按时间线展开的隐藏层

Keras 与深度学习实战

3.2.1 循环神经网络中的常用网络层

本小节介绍使用 Keras 实现循环神经网络需要用到的常用网络层，包括 Embedding 层和循环层，并解释每个层的计算原理，同时还介绍注意力模型。

1. Embedding 层

在自然语言处理中，需要对文本中的每个单词用一个向量进行编码，即单词向量化。一种常用的单词向量化方法叫独热编码，可以将单词编码成除了某个元素是 1 之外其他元素都是 0 的向量。例如，给定一个英文句子"The cat jump over the dog"，该句子有 5 个不同的单词，则可以将"the"编码为[1,0,0,0,0]、"cat"编码为[0,1,0,0, 0]、"jump"编码为[0, 0,1,0,0]、"over"编码为[0,0,0,1,0]、"dog"编码为[0,0,0,0,1]。但是独热编码有很多缺点：一是向量过于"稀疏"，每个向量都包含很多个 0 且只有一个 1，浪费存储空间；二是独热编码向量不能表达单词间的逻辑关系，不利于文本数据挖掘；三是当单词总量扩大时，每个单词向量都要重新修改。

Embedding 层将正整数（索引）转换为固定大小的向量，该向量的每个元素是一个浮点数而不仅仅是 0 或 1。一个独热编码可以用一个正整数代替，因此 Embedding 层可以弥补独热编码的缺点。例如，将[[4],[20]]转换为[[0.25,0.1],[0.6,-0.2]]。Embedding 层只能用作网络的第一层。输入的大小为(batch_size,input_length)，输出的大小为(batch_size,input_length,output_dim)。Embedding 类的语法格式如下。

```
tf.keras.layers.Embedding(input_dim, output_dim, embeddings_initializer=
"uniform", embeddings_regularizer=None, activity_regularizer=None,
embeddings_constraint=None, mask_zero=False, input_length=None, **kwargs)
```

Embedding 类的常用参数及其说明如表 3-5 所示。

表 3-5 Embedding 类的常用参数及其说明

参数名称	说明
input_dim	接收整数，表示词汇量，即最大整数索引加 1，无默认值
output_dim	接收整数，表示输出单词编码的维度，无默认值
embeddings_initializer	接收函数句柄，表示初始化函数，默认为 uniform
embeddings_regularizer	接收函数句柄，表示正则化函数，默认为 None
activity_regularizer	接收函数句柄，表示正则化激活函数，默认为 None
embeddings_constraint	接收函数句柄，表示约束函数，默认为 None
mask_zero	接收布尔值，表示是否排除 0，默认为 False
input_length	接收整数，表示输入序列的长度，默认为 None

Embedding 类的用法如代码 3-12 所示。

代码 3-12 Embedding 类的用法

```
from keras import Sequential, layers
import numpy as np
```

```
model = Sequential()
model.add(layers.Embedding(1000, 64, input_length=10))
# 网络用大小为(batch_size,input_length)的整数矩阵作为输入
# 并且输入的最大整数（单词索引）应不大于999（词汇量）
# 输出的大小为(None,10,64)，其中None是批大小
# 网络用大小为(batch_size,input_length)的整数矩阵作为输入
# input_length=10 表示每个句子只包含10个单词
# 并且输入的最大整数（单词索引）应不大于999（从0开始，即不超过1000个单词）
# 输出的大小为(batch_size,input_length,features)，这里的features=64
# Embedding层的可训练的矩阵大小为(1000,64)

# 生成32个句子作为输入，每个句子包含10个单词，单词的编号从0到999中随机选取
input_array = np.random.randint(1000, size=(32, 10))
model.compile('rmsprop', 'mse')
# 输出32个句子，每个句子包含10个单词，每个单词编码成一个64维的向量
output_array = model.predict(input_array)
```

在代码 3-12 中，Embedding 层包含一个可训练的矩阵，矩阵的行值为单词数量 1000，矩阵的列值为每个单词的编码长度 64，即矩阵的一行对应一个单词的编码向量。如果把单词编号转换成独热编码向量（即构造一个包含 1000 个元素的全 0 向量，然后把对应编号处的元素设为 1），则 Embedding 层的计算过程可表示如下。

$$\underbrace{\begin{pmatrix} 1 & 0 & \cdots & 0 \\ 0 & 1 & \cdots & 0 \\ \vdots & \vdots & & \vdots \\ 0 & 0 & \cdots & 0 \end{pmatrix}}_{1000} \times \underbrace{\begin{pmatrix} w_{1,1} & w_{1,2} & \cdots & w_{1,64} \\ w_{2,1} & w_{2,2} & \cdots & w_{2,64} \\ w_{3,1} & w_{3,2} & \cdots & w_{3,64} \\ \vdots & \vdots & & \vdots \\ w_{1000,1} & w_{1000,2} & \cdots & w_{1000,64} \end{pmatrix}}_{64} = \underbrace{\begin{pmatrix} w_{1,1} & w_{1,2} & \cdots & w_{1,64} \\ w_{2,1} & w_{2,2} & \cdots & w_{2,64} \\ \vdots & \vdots & & \vdots \\ w_{10,1} & w_{10,2} & \cdots & w_{10,64} \end{pmatrix}}_{64}$$

也就是说，设一个句子有 10 个单词，每个单词用长度为 1000 的向量进行独热编码，形成一个 10×1000 的矩阵作为输入，乘 Embedding 层中的 1000×64 的权重矩阵，得到一个 10×64 的输出，即可把一个单词由原来的 1000 维的独热编码向量降维编码成一个 64 维的普通向量。

实际上，为了有效地计算，这种稀疏状态下不会进行矩阵乘法计算。因为矩阵的计算结果实际上是矩阵对应的向量中值为 1 的索引，这样网络中的 Embedding 层的权重矩阵便成了一个"查找表"，进行矩阵计算时，可以直接去查输入向量中取值为 1 的维度下对应的权重值。Embedding 层的输出就是每个输入单词的"嵌入词向量"。

2. 循环层

Keras 提供了一些常用的类以实现循环层，例如 SimpleRNN 类和 LSTM 类。

（1）SimpleRNN 类。

SimpleRNN 是简单递归神经网络，是一种具有短期记忆能力的神经网络，其语法格式如下。

```
keras.layers.SimpleRNN(units, activation='tanh', use_bias=True,
kernel_initializer='glorot_uniform', recurrent_initializer='orthogonal',
bias_initializer='zeros', kernel_regularizer=None, recurrent_regularizer=None,
bias_regularizer=None, activity_regularizer=None, kernel_constraint=None,
recurrent_constraint=None, bias_constraint=None, dropout=0.0, recurrent_
dropout=0.0, return_sequences=False, return_state=False, go_backwards=False,
stateful=False, unroll=False)
```

SimpleRNN 类的常用参数及其说明如表 3-6 所示。

表 3-6　SimpleRNN 类的常用参数及其说明

参数名称	说明
units	接收正整数，表示输出空间的维度。无默认值
activation	接收要使用的激活函数（详见 activations）。tanh 表示双曲正切。如果传入 None，则不使用激活函数。默认为 tanh
return_sequences	接收布尔值。为 False 时返回输出序列中的最后一个输出，否则返回全部序列。默认为 False
return_state	接收布尔值，表示除了输出之外是否返回最后一个状态。默认为 False
go_backwards	接收布尔值。如果为 True，则向后处理输入序列并返回相反的序列。默认为 False
stateful	接收布尔值。如果为 True，则批中索引为 i 的样品的最后状态将用作下一批中索引为 i 的样品的初始状态。默认为 False
unroll	接收布尔值。如果为 True，则网络将展开，否则将使用符号循环。展开可以加快 RNN 的训练速度，但这往往会占用更多的内存。展开只适用于短序列。默认为 False

SimpleRNN 类的用法如代码 3-13 所示。

代码 3-13　SimpleRNN 类的用法

```
from keras import Sequential,layers
import numpy as np
# 网络将大小为(batch_size,input_length)的整数矩阵作为输入，每个句子只包含10个单词
# 并且输入的最大整数（单词索引）应不大于999（从0开始，即不超过1000个单词）
model = Sequential()
model.add(layers.Embedding(1000, 64, input_length=10))


# Embedding 层输出的每个句子包含10个单词，每个单词编码成一个64维的向量
# 即将(batch_size,input_length,features)作为SimpleRNN的输入
model.add(layers.SimpleRNN(128))
```

```
model.summary()

# 生成32个句子，每个句子包含10个单词，单词的编号从0到999中随机选取
input_array = np.random.randint(1000, size=(32, 10))
output_array = model.predict(input_array)
print(output_array.shape)
# (32, 128)
# 输出32个句子，每个句子包含128维的特征

# 还可以让SimpleRNN返回每个单词的输出
from keras import Model,Input
xin = Input((10, ))
x = layers.Embedding(1000, 64)(xin)
y1, y2 = layers.SimpleRNN(128, return_sequences=True, return_state=True)(x)
model2 = Model(xin, [y1, y2])
model2.summary()
whole_sequence_output,final_state = model2.predict(input_array)
print(whole_sequence_output.shape)
print(final_state.shape)
# whole_sequence_output 是所有单词的输出，大小为(32, 10, 128).
# final_state 是最后一个单词的输出，大小为(32, 128).
```

运行代码3-13后得到的网络结构如下。

```
Layer (type)                 Output Shape              Param #
=================================================================
embedding_1 (Embedding)      (None, 10, 64)            64000
_____
simple_rnn_2 (SimpleRNN)     (None, 128)               24704
=================================================================
Total params: 88,704
Trainable params: 88,704
Non-trainable params: 0
```

其中，Embedding层的权重矩阵有1000×64=64000个可训练的参数。在SimpleRNN中，每个单词的输入维度为64，隐藏层有128个节点，然后直接经过传递函数得到128维的输出。因此，输入层到隐藏层的权重矩阵 U 有128×64=8192个可训练的参数，上一个时刻的隐藏层的输出向量作为这一次的输入的权重矩阵 W 有128×128=16384个可训练的参数，偏置向量 b 有128个可训练的参数。所以SimpleRNN中一共有128×64+128×128+128=24704个可训练的参数。

（2）LSTM 类。

LSTM 网络是具有记忆长期信息、短期信息能力的神经网络。在 Keras 中可以通过 LSTM 类实现，其语法格式如下，常用参数及其说明类似表 3-5。

```
keras.layers.LSTM(units, activation='tanh', recurrent_activation=
'hard_sigmoid', use_bias=True, kernel_initializer='glorot_uniform',
recurrent_initializer='orthogonal', bias_initializer='zeros', unit_forget_
bias=True, kernel_regularizer=None, recurrent_regularizer=None,
bias_regularizer=None, activity_regularizer=None, kernel_constraint=None,
recurrent_constraint=None, bias_constraint=None, dropout=0.0, recurrent_
dropout=0.0, implementation=1, return_sequences=False, return_state=False,
go_backwards=False, stateful=False, unroll=False)
```

SimpleRNN 网络的记忆功能不够强大，当输入的数据序列比较长时，它无法将序列中之前获取的信息有效地向下传递。LSTM 网络则能够改正 SimpleRNN 网络的这个缺点。在 Keras 中，LSTM 类和 SimpleRNN 类的用法完全一致，可以直接把 tf.keras.layers.SimpleRNN 替换为 tf.keras.layers.LSTM。

LSTM 网络的内部结构如图 3-20 所示。其中，⊙ 表示阿达马积（Hadamard Product），将矩阵中对应的元素相乘，该运算要求相乘的两个矩阵必须是大小相同的。x^t 是 t 时刻的输入，c^{t-1} 和 h^{t-1} 是 $t-1$ 时刻的两个输出，分别表示细胞状态（Cell State）和隐藏状态（Hidden State）；其中 c^t 的数值大小随着传递的进行改变得较慢，因为输出的 c^t 是上一个状态传过来的 c^{t-1} 加上一些数值而得到的。而在不同节点下的 h^t 的数值大小，改动幅度较大。设 $X^t = \begin{pmatrix} x^t \\ h^{t-1} \end{pmatrix}$，$\tanh(z) = \dfrac{e^z - e^{-z}}{e^z + e^{-z}}$，则 $z^f = \sigma(W^f X^t)$，$z^i = \sigma(W^i X^t)$，$z = \tanh(W X^t)$，$z^o = \sigma(W^o X^t)$。其中 W^f、W^i、W、W^o 是需要通过训练得到的权重矩阵。

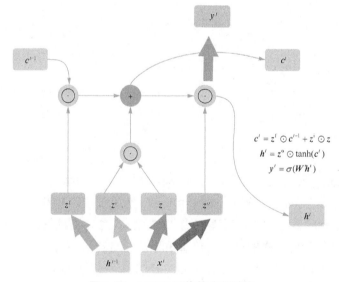

图 3-20　LSTM 网络的内部结构

第 ❸ 章 Keras 深度学习基础

LSTM 网络内部主要分为 3 个阶段,首先是忘记阶段,然后是选择记忆阶段,最后是输出阶段。

① 忘记阶段。这个阶段主要对上一个节点传进来的输入进行选择性忘记,即将计算得到的 z^f(f 表示 forget)作为忘记门控,以控制上一个状态的 c^{t-1} 有哪些数据需要留下来,哪些数据需要忘记。

② 选择记忆阶段。这个阶段的输入会被有选择地进行记忆,主要是对输入 x^t 进行选择记忆。当前的输入内容由前面计算得到的 z 表示,而选择的门控信号则由 z^i(i 表示 information)控制。将上面两步得到的结果相加,即可得到传输给下一个状态的 $c^t = z^f \odot c^{t-1} + z^i \odot z$。

③ 输出阶段。这个阶段将决定当前状态的输出值,主要是通过 z^o 来进行控制的,并且还对上一阶段得到的 c^t 进行了放缩操作。放缩操作通过 tanh 激活函数进行变化。与经典循环神经网络类似,输出的 y^t 往往也是通过 h^t 变化得到的。

LSTM 网络通过门控状态来控制传输状态,记住需要长时间记忆的信息,忘记不重要的信息;而不像普通的循环神经网络那样,只具有一种记忆叠加方式。但也因为 LSTM 网络引入了很多内容,导致参数变多,使得训练难度加大了很多。因此很多时候会使用效果和 LSTM 网络相当,但参数更少的门控循环单元(Gated Recurrent Unit,GRU)来构建大训练量的网络。

3. 注意力模型

注意力模型(Attention Model)被广泛使用在自然语言处理、图像识别及语音识别等各种类型的深度学习任务中,是深度学习技术中值得关注与深入了解的核心技术之一。无论是在图像处理、语音识别还是自然语言处理等各种类型的任务中,都很容易遇到注意力模型。了解注意力模型的工作原理对于关注深度学习技术发展的技术人员来说很有必要。

(1)人类的视觉注意力机制。

从注意力模型的命名来看,其借鉴了人类的注意力机制。这里先简单介绍人类的视觉注意力机制。

视觉注意力机制是人类所特有的大脑信号处理机制。人类通过视觉快速扫描全局图像,找到需要重点关注的目标区域,也就是一般所说的注意力机制焦点,而后对这一区域投入更多注意力机制资源,以获取更多需要关注的目标的细节信息,而忽略其他无用信息。这是人类利用有限的注意力机制资源从大量信息中快速筛选出高价值信息的手段,是人类在长期进化中形成的一种生存机制。人类视觉注意力机制极大地提高了视觉信息处理的效率与准确性。

(2)Encoder-Decoder 框架。

要了解深度学习中的注意力模型,就要先了解 Encoder-Decoder 框架。目前大多数注意力模型都附着在 Encoder-Decoder 框架下。当然,其实注意力模型可以看作一种通用的思想,本身并不依赖于特定框架,这点需要注意。Encoder-Decoder 框架可以看作深度学习领域的一种研究模式，其应用场景异常广泛。抽象的文本处理领域的 Encoder-Decoder 框架如图 3-21 所示。

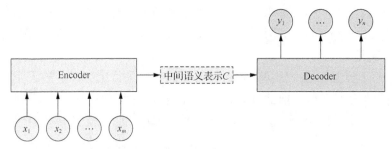

图 3-21　抽象的文本处理领域的 Encoder-Decoder 框架

令单词序列 Source $= (x_1, x_2, \cdots, x_m)$，Target $= (y_1, y_2, \cdots, y_n)$。对于句子对(Source,Target)，给定输入句子 Source，期望通过抽象的文本处理领域的 Encoder-Decoder 框架来生成目标句子 Target。Source 和 Target 可以采用同一种语言，也可以采用两种不同的语言。

Encoder（编码器）将输入句子 Source 通过非线性变换（循环神经网络）F 转化为中间语义表示 $C = F(x_1, x_2, \cdots, x_m)$。

Decoder（解码器）根据句子 Source 的中间语义表示 C 和之前已经生成的历史信息 $y_1, y_2, \cdots, y_{i-1}$ 利用另一个变换（循环神经网络）g 来生成 i 时刻要生成的单词 y_i，$y_i = g(C, y_1, y_2, \cdots, y_{i-1})$。

y_i 依次产生后，整个系统即根据输入句子 Source 生成了目标句子 Target。如果 Source 是中文句子，Target 是英文句子，那么这就是解决机器翻译问题的 Encoder-Decoder 框架；如果 Source 是一篇文章，Target 是概括性的几句描述语句，那么这就是文本摘要的 Encoder-Decoder 框架；如果 Source 是一句问句，Target 是一句回答，那么这就是问答系统或者对话机器人的 Encoder-Decoder 框架。由此可见，在文本处理领域，Encoder-Decoder 框架的应用相当广泛。

抽象的文本处理领域的 Encoder-Decoder 框架不仅在文本领域广泛使用，而且在语音识别、图像处理等领域也经常使用。例如，对于语音识别来说，Encoder 的输入是语音流，Decoder 的输出是对应的文本信息；对于图像描述任务而言，Encoder 的输入是一张图片，Decoder 的输出则是能够描述图片语义内容的一句描述；如果 Encoder 的输入是一句话，Decoder 的输出是一张图片，则可以构造智能绘图的应用；如果 Encoder 的输入是一张有噪声的图片，Decoder 的输出是一张无噪声的图片，则可以用于图像去噪；如果 Encoder 输入的是一张黑白图片，Decoder 输出的是一张彩色图片，则可以用于黑白图像上色。一般而言，文本处理和语音识别的 Encoder 通常采用循环神经网络，图像处理的 Encoder 一般采用卷积神经网络。

（3）Attention 网络。

抽象的文本处理领域的 Encoder-Decoder 框架可以看作注意力不集中的分心网络。因为不管 i 为多少，y_i 都是基于相同的中间语义表示 C 进行编码的，所以注意力对所有输出都是相同的。Attention 网络的任务是突出重点，也就是说，中间语义表示 C 对不同的 i 应该有不同的侧重点，如式（3-3）和式（3-4）所示。

第 3 章　Keras 深度学习基础

$$y_i = g(C_i, y_1, y_2, \cdots, y_{i-1}) \tag{3-3}$$

$$C_i = \sum_{j=1}^{m} a_{ij} h_j \tag{3-4}$$

a_{ij} 代表在 Target 输出第 i 个单词时，Source 中第 j 个单词的注意力分配系数，a_{ij} 的定义如式（3-5）所示。其中，h_j 是输入句子中第 j 个单词的语义编码，H_i 是输出句子中第 i 个单词的语义编码。

$$a_{ij} = \frac{e^{f(h_j, H_{i-1})}}{\sum_j e^{f(h_j, H_{i-1})}} \tag{3-5}$$

f 是相似性计算函数。常见的方法包括：点积、余弦，或者通过再学习一个额外的神经网络来求值，然后用类似激活函数的计算方式对相似性进行数值转换。这样一方面可以进行归一化，将原始计算分值整理成所有元素权重之和为 1 的概率分布；另一方面也可以通过激活函数的内在机制突出重要元素的权重。值得一提的是，这种 Attention 网络的编程实现有点复杂。下面介绍更容易实现的 Self Attention 网络。

（4）Self Attention 网络。

Self Attention（自注意力）网络经常被称为 Intra Attention（内部注意力）网络，最近获得了比较广泛的使用。

在一般任务的 Encoder-Decoder 框架中，输入 Source 和输出 Target 的内容是不一样的，如对于英-中机器翻译而言，Source 是英文句子，Target 是翻译出的中文句子，注意力机制出现在 Target 的元素 Query（查询，通常指 Key 和 Value 之间的映射关系）和 Source 中的所有元素之间。而 Self Attention 网络指的不是 Target 和 Source 之间的注意力机制，而是 Source 内部元素之间或者 Target 内部元素之间发生的注意力机制，也可以理解为在 Target 和 Source 相等这种特殊情况下的注意力计算机制。如果是常规的、Target 不等于 Source 情况下的注意力计算，其数学意义正如上文 Encoder-Decoder 框架部分所讲。

可视化地表示 Self Attention 网络在同一个英语句子内的单词间产生的联系，如图 3-22 所示。

图 3-22　机器翻译中的 Self Attention 实例

从图 3-22 可以看出，翻译"making"的时候会注意到"more""difficult"，因为这两者组成了一个常用的短语关系。Self Attention 网络不仅可以捕获同一个句子中单词之间的一些句法特征或者语义特征，在计算过程中还可以直接将句子中任意两个单词通过一个计算步骤直接联系起来，所以远距离的相互依赖的特征之间的距离被极大缩短，有利于有效利用这些特征。经典 RNN 网络和 LSTM 网络均需要按序列顺序依次计算，对于远距离的相互依赖的特征，要经过若干时间序列的信息累积才能将两者联系起来，而距离越远，有效捕获的可能性越小。而引入 Self Attention 网络后，捕获句子中远距离的相互依赖的特征就相对容易了。除此之外，Self Attention 网络对于增加计算的并行度也有直接帮助。

翻译词组"Thinking Machines"时 Self Attention 网络的计算过程如图 3-23 所示。其中单词"Thinking"经过 Embedding 层得到的输出用 x_1 表示，"Machines"经过 Embedding 层得到的输出用 x_2 表示。单词"Thinking"的 Query、Key 和 Value 分别由 x_1 经过线性变换得到，即 $q_1 = x_1 W^Q$，$k_1 = x_1 W^K$，$v_1 = x_1 W^V$，其中 W^Q、W^K 和 W^V 是相同大小的、可学习的变换矩阵，由神经网络训练得到。同理，单词"Machines"的 Query、Key、Value 参数分别表示为 q_2、k_2 和 v_2。

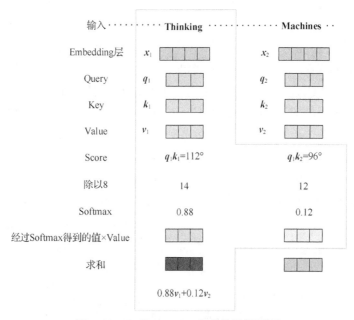

图 3-23　Self Attention 网络的计算过程

当处理"Thinking"这个单词时，需要计算句子中所有单词与它的注意力得分（Score），这就像将当前词作为搜索的 Query，和句子中所有单词（包含该单词本身）的 Key 匹配，看看相关度有多高，即计算 q_1 与 k_1 的点乘，以及 q_1 与 k_2 的点乘。同理，计算"Machines"的注意力得分的时候，需要计算 q_2 与 k_1 的点乘以及 q_2 与 k_2 的点乘。然后进行尺度的缩放并用激活函数（Softmax）进行归一化操作。当前单词与其自身的注意力得分一般最大，其他单词与当前单词有对应的注意力得分。然后将当前单词的注意力得分和其他单词与当前单词对应的注意力得分，分别与 Value 相乘，再对分别相乘得到的值做求和运算，得到当前单词的特征输出。

（5）注意力模型的使用实例。

注意力模型的使用实例如代码 3-14 所示。随机构造了 n 个句子，每个句子含有 time_steps 个单词，每个单词有 input_dim 维。第 attention_column 个单词的编码是全 0 或全 1 的向量，并和句子的类别（0 或 1）相同。对于所有的句子，大部分的注意力应该集中在第 attention_column 个单词，准确地预测出句子的类别。也就是说，注意力模型的权重在第 attention_column 个分量处应该是显著增大的。

代码 3-14　注意力模型的使用实例

```python
from keras.layers import Input,Dense,Permute,Flatten
from keras.layers import LSTM,multiply
from keras.models import Model
import matplotlib.pyplot as plt
import numpy as np


# 函数定义
# 获取网络在指定名字的层的输出
def get_activations(model, inputs, layer_name=None):
  for layer in model.layers:
    if layer.name == layer_name:
      layer_output = layer.output
      break
  m = Model(model.input, layer_output)
  outputs = m.predict(inputs)
  return outputs


# 随机构造数据：n 个句子，每个句子含有 time_steps 个单词，每个单词有 input_dim 维
# 第 attention_column 个单词的编码是全 0 或全 1 的向量，并和句子的类别（0 或 1）相同
def get_data_recurrent(n, time_steps, input_dim, attention_column=2):
  x = np.random.normal(loc=0, scale=10, size=(n, time_steps, input_dim))
  # 每个句子只有 0 和 1 两个类别
  y = np.random.randint(low=0, high=2, size=(n, 1))
  # 复制 y 的第 input_dim 列，然后将其指定为 x 的第 attention_column 个单词的编码
  x[:, attention_column, :] = np.tile(y[:], (1, input_dim))
  return x, y
# 构造数据
N = 100000  # 句子的数量
TIME_STEPS = 10  # 句子里的单词数量
```

```python
INPUT_DIM = 2  # 单词的编码维数
attention_column = 2  # 需要注意第几个单词

X, Y = get_data_recurrent(N, TIME_STEPS, INPUT_DIM, attention_column)

# 构造网络
inputs = Input(shape=(TIME_STEPS, INPUT_DIM, ))  # 一批句子作为输入

lstm_units = 32
# (batch_size, time_steps, INPUT_DIM) → (batch_size, time_steps, lstm_units)
lstm_out = LSTM(lstm_units, return_sequences=True)(inputs)

# 注意力模型开始
# (batch_size, time_steps, lstm_units) → (batch_size, lstm_units, time_steps)
a = Permute((2, 1))(lstm_out)

# 对最后一维进行全连接,参数数量:time_steps*time_steps + time_steps
# 相当于获得每一个step中,每个lstm维度在所有step中的权重
# (batch_size, lstm_units, time_steps) → (batch_size, lstm_units, time_steps)
a = Dense(TIME_STEPS, activation='softmax')(a)

# (batch_size, lstm_units, time_steps) → (batch_size, time_steps, lstm_units)
a_probs = Permute((2, 1), name='attention_vec')(a)

# 权重和输入的对应元素相乘,注意力模型加权,lstm_out=lstm_out*a_probs
lstm_out = multiply([lstm_out, a_probs], name='attention_mul')
# ATTENTION PART FINISHES ------------------

# (batch_size, time_steps, lstm_units) → (batch_size, time_steps*lstm_units)
lstm_out_fla = Flatten()(lstm_out)
output = Dense(1, activation='sigmoid')(lstm_out_fla)
model = Model([inputs], output)

model.compile(optimizer='adam', loss='binary_crossentropy', metrics=['accuracy'])
model.summary()

# 训练网络
```

```
model.fit(X, Y, epochs=1, batch_size=64, validation_split=0.1)


# 查看训练得到的权重向量
testing_X, testing_Y = get_data_recurrent(30, TIME_STEPS, INPUT_DIM)
attention_vector = get_activations(model,testing_X, layer_name='attention_vec')


# 所有lstm_units维数上的平均值
attention_vector_mean = np.mean(attention_vector, axis=-1)
# 所有样本上的平均值
attention_vector_mean = np.mean(attention_vector_mean, axis=0)

plt.bar(range(TIME_STEPS),attention_vector_mean,width=0.5)
plt.xlabel('时间步')   # 添加横轴标签
plt.ylabel('加权系数')  # 添加纵轴标签
```

在代码 3-14 中，注意力模型权重矩阵 a_probs 通过全连接层得到（全连接层中可训练的权重数量为 10×10+10=110 个），即不同的句子、不同的单词具有不同的注意力模型权重 a_probs。对某一个句子，对应有大小为 time_steps×lstm_units 的权重矩阵，该矩阵的每一列的和为 1，即按 lstm_units 特征对所有的 time_steps 单词进行加权。理想情况下，该矩阵编号为 attention_column 的列的值明显比其他列大。

代码 3-14 的网络结构如下。

```
Layer (type)                 Output Shape         Param #    Connected to
==================================================================================
input_1 (InputLayer)         (None, 10, 2)        0
_____
lstm_1 (LSTM)                (None, 10, 32)       4480       input_1[0][0]
_____
permute_1 (Permute)          (None, 32, 10)       0          lstm_1[0][0]
_____
dense_1 (Dense)              (None, 32, 10)       110        permute_1[0][0]
_____
attention_vec (Permute)      (None, 10, 32)       0          dense_1[0][0]
_____
attention_mul (Multiply)     (None, 10, 32)       0          lstm_1[0][0]
                                                             attention_vec[0][0]
_____
flatten_1 (Flatten)          (None, 320)          0          attention_mul[0][0]
```

```
dense_2 (Dense)                 (None, 1)             321          flatten_1[0][0]
====================================================================================
Total params: 4,911
Trainable params: 4,911
Non-trainable params: 0
```

代码 3-14 得到的输出如图 3-24 所示，即加权系数 a_probs 在所有测试样本和所有 lstm_units 维数上的平均值。可以看到，attention_column=2 的列的值显著地比其他列的值大。也就是说，网络成功注意到编号为 2 的单词编码是对分类有显著影响的。

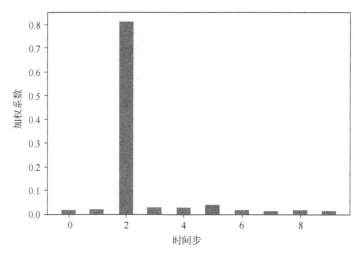

图 3-24 注意力模型中的加权系数

在 MNIST 手写数字识别中使用注意力模型如代码 3-15 所示。将一个图像样本看成一个句子，图像的每一行看成一个单词，图像的列数看成一个单词的编码维数。使用和代码 3-14 相同的注意力模型，可以得到比单纯使用全连接网络更高的分类精度。由于图像的行之间并没有顺序，可以使用双向 LSTM 网络，将得到 2 倍的 lstm_units 维数的输出。

代码 3-15　在 MNIST 手写数字识别中使用注意力模型

```
from keras import datasets,utils
from keras.layers import Input,Dense,Permute,Flatten,Dropout
from keras.layers import LSTM,Bidirectional,multiply
from keras.models import Model

# 读取数据
(X_train, y_train), (X_test, y_test) = datasets.mnist.load_data()
X_train = X_train.reshape(-1, 28, 28) / 255.
X_test = X_test.reshape(-1, 28, 28) / 255.
y_train = utils.to_categorical(y_train, num_classes=10)
y_test = utils.to_categorical(y_test, num_classes=10)
```

```python
print('X_train shape:', X_train.shape)
print('X_test shape:', X_test.shape)


# 一个图像样本看成一个句子
# 图像的每一行看成一个单词
# 图像的列数看成一个单词的编码维数
TIME_STEPS = X_train.shape[1]
INPUT_DIM = X_train.shape[2]
lstm_units = 64  # LSTM 网络对每个单词的编码维数

# 构造网络
inputs = Input(shape=(TIME_STEPS, INPUT_DIM))
drop1 = Dropout(0.3)(inputs)


# 两个方向的 LSTM 网络，得到的 lstm_units 增加一倍
lstm_out = Bidirectional(LSTM(lstm_units,
                    return_sequences=True), name='bilstm')(drop1)


#lstm_out = attention_3d_block(lstm_out)


# 注意力模型开始
# (batch_size, time_steps, lstm_units) → (batch_size, lstm_units, time_steps)
a = Permute((2, 1))(lstm_out)


# 对最后一维进行全连接，参数数量：time_steps*time_steps + time_steps
# 相当于获得每一个 step 中，每个 lstm 输出维度在所有 step 中的权重
# (batch_size, lstm_units, time_steps) → (batch_size, time_steps, lstm_units)
a = Dense(TIME_STEPS, activation='softmax')(a)


# (batch_size, lstm_units, time_steps) → (batch_size, time_steps, lstm_units)
a_probs = Permute((2, 1), name='attention_vec')(a)

# 权重和输入的对应元素相乘，注意力模型加权，lstm_out=lstm_out*a_probs
lstm_out = multiply([lstm_out, a_probs], name='attention_mul')
# 注意力模型结束


attention_flatten = Flatten()(lstm_out)
```

```
drop2 = Dropout(0.3)(attention_flatten)
output = Dense(10, activation='sigmoid')(drop2)
model = Model(inputs=inputs, outputs=output)

model.compile(optimizer='adam',
        loss='categorical_crossentropy',
        metrics=['accuracy'])
model.summary()

# 训练网络
print('Training------------')
# epochs=10 时,可以得到更高的分类精度
model.fit(X_train, y_train, epochs=5, batch_size=32)

# 测试
print('Testing--------------')
loss, accuracy = model.evaluate(X_test, y_test)

print('test loss:', loss)
print('test accuracy:', accuracy)
```

代码 3-15 的网络结构如下。

Layer (type)	Output Shape	Param #	Connected to
input_2 (InputLayer)	[(None, 28, 28)]	0	
dropout (Dropout)	(None, 28, 28)	0	input_2[0][0]
bilstm (Bidirectional)	(None, 28, 128)	47616	dropout[0][0]
permute_1 (Permute)	(None, 128, 28)	0	bilstm[0][0]
dense_2 (Dense)	(None, 128, 28)	812	permute_1[0][0]
attention_vec (Permute)	(None, 28, 128)	0	dense_2[0][0]
attention_mul (Multiply)	(None, 28, 128)	0	bilstm[0][0] attention_vec[0][0]

```
flatten_1 (Flatten)         (None, 3584)        0           attention_mul[0][0]

dropout_1 (Dropout)         (None, 3584)        0           flatten_1[0][0]

dense_3 (Dense)             (None, 10)          35850       dropout_1[0][0]
================================================================================
Total params: 84,278
Trainable params: 84,278
Non-trainable params: 0
```

3.2.2 基于循环神经网络和 Self Attention 网络的新闻摘要分类实例

在 3.2.1 小节的 Embedding 层中，讨论了单词向量化的算法原理。要得到比较好的单词向量，大约需要 40 亿个文本数据的训练数据，然而通常很难获得如此巨量的数据以及相应的算力。斯坦福大学基于 GloVe 的向量化算法（Skip-Gram 算法的变种），通过文本数据训练后得到了比较精准的单词向量。在这个预先训练好的 GloVe 单词向量空间上，本小节使用循环神经网络来实现对新闻摘要的分类，并对比加上 Self Attention 网络的结果。

新闻摘要数据以 JSON 格式存储，加载新闻摘要数据如代码 3-16 所示。

代码 3-16 加载新闻摘要数据

```
# 读取新闻摘要数据
import pandas as pd
df = pd.read_json('News_Category_Dataset.json', lines=True)
df.head()
```

一条数据包括作者、分类、日期、标题、链接和摘要等信息，如图 3-25 所示。神经网络的任务是，读入新闻标题和摘要后，正确预测新闻摘要的分类。

	short_description	headline	date	link	authors	category
0	She left her husband. He killed their children...	There Were 2 Mass Shootings In Texas Last Week...	2018-05-26	https://www.huffingtonpost.com/entry/texas-ama...	Melissa Jeltsen	CRIME
1	Of course it has a song.	Will Smith Joins Diplo And Nicky Jam For The 2...	2018-05-26	https://www.huffingtonpost.com/entry/will-smit...	Andy McDonald	ENTERTAINMENT
2	The actor and his longtime girlfriend Anna Ebe...	Hugh Grant Marries For The First Time At Age 57	2018-05-26	https://www.huffingtonpost.com/entry/hugh-gran...	Ron Dicker	ENTERTAINMENT
3	The actor gives Dems an ass-kicking for not fi...	Jim Carrey Blasts 'Castrato' Adam Schiff And D...	2018-05-26	https://www.huffingtonpost.com/entry/jim-carre...	Ron Dicker	ENTERTAINMENT
4	The "Dietland" actress said using the bags is ...	Julianna Margulies Uses Donald Trump Poop Bags...	2018-05-26	https://www.huffingtonpost.com/entry/julianna-...	Ron Dicker	ENTERTAINMENT

图 3-25 新闻摘要数据

合并"WORLDPOST"和"THE WORLDPOST"两种类别，并查看新闻摘要数据的所有类别及其数据数量，如代码 3-17 所示。

代码 3-17　处理新闻摘要数据的类别

```
# 预处理，合并"WORLDPOST"和"THE WORLDPOST"两种类别
df.category = df.category.map(lambda x:"WORLDPOST" if x == "THE WORLDPOST" else x)
categories = df.groupby('category')
print("total categories: ", categories.ngroups)
print(categories.size())
```

代码 3-17 的输出结果如图 3-26 所示。

```
total categories:  30
category
ARTS                1509
ARTS & CULTURE      1339
BLACK VOICES        3858
BUSINESS            4254
COLLEGE             1144
COMEDY              3971
CRIME               2893
EDUCATION           1004
ENTERTAINMENT      14257
FIFTY               1401
GOOD NEWS           1398
GREEN               2622
HEALTHY LIVING      6694
IMPACT              2602
LATINO VOICES       1129
MEDIA               2815
PARENTS             3955
POLITICS           32739
QUEER VOICES        4995
RELIGION            2556
SCIENCE             1381
SPORTS              4167
STYLE               2254
TASTE               2096
TECH                1231
TRAVEL              2145
WEIRD NEWS          2670
WOMEN               3490
WORLD NEWS          2177
WORLDPOST           6243
dtype: int64
```

图 3-26　新闻摘要数据的所有类别及其数据数量

利用 Keras 提供的 Tokenizer 对象，对新闻摘要数据里出现的所有单词进行编号。如果有 10000 个不同的单词，则单词的编号范围是 0 到 9999。并对数据进行清理，删除那些所含单词数量过少的数据，如代码 3-18 所示。新闻数据一共有 12 万多条数据，平均每条数据含有 26 个单词，最多的一条数据含有 248 个单词。最后，把每条数据中超过 50 个单词的部分去除，不足 50 个单词的补 0，使得所有数据具有相同的单词数量。

代码 3-18　对新闻摘要数据里的单词进行编号

```
# 对单词进行编号
from keras.preprocessing import sequence
from keras.preprocessing.text import Tokenizer

# 将标题和正文合并
```

```python
df['text'] = df.headline + " " + df.short_description

# 对单词进行编号
tokenizer = Tokenizer()
tokenizer.fit_on_texts(df.text)
X = tokenizer.texts_to_sequences(df.text)
df['words'] = X

#记录每条数据的单词数
df['word_length'] = df.words.apply(lambda i: len(i))

#清除单词数不足 5 个的数据
df = df[df.word_length >= 5]
df.word_length.describe()

# 把每条数据中超过 50 个单词的部分去除
# 不足 50 个单词的补 0, 使得所有的数据具有相同的单词数量
maxlen = 50
X = list(sequence.pad_sequences(df.words, maxlen=maxlen))
```

对新闻摘要数据里的类别进行编号，得到两个字典，可以根据类别得到编号，或者根据编号得到类别，如代码 3-19 所示。

代码 3-19　对新闻摘要数据里的类别进行编号

```python
# 对类别进行编号
# 得到两个字典, 可以根据类别得到编号, 或者根据编号得到类别
categories = df.groupby('category').size().index.tolist()
category_int = {}
int_category = {}
for i, k in enumerate(categories):
    category_int.update({k:i})    # 类别 → 编号
    int_category.update({i:k})    # 编号 → 类别

df['c2id'] = df['category'].apply(lambda x: category_int[x])
```

随机选取部分新闻摘要数据作为训练样本，如代码 3-20 所示。

代码 3-20　随机选取部分新闻摘要数据作为训练样本

```python
# 随机选取训练样本
import numpy as np
import keras.utils as utils
```

```
from sklearn.model_selection import train_test_split

X = np.array(X)
Y = utils.to_categorical(list(df.c2id))

# 将数据随机分成两部分，80%的部分用于训练，20%的部分用于测试
seed = 29 # 随机种子
x_train, x_val, y_train, y_val = train_test_split(X, Y, test_size=0.2,
random_state=seed)
```

GloVe 单词向量空间提供了一个 glove.6B.100d.txt 的文件，每个单词用包含 100 个数值的向量进行编码，一共有 40 万个单词。每行的开头为单词，与对应向量数值之间空一格。加载预先训练好的单词向量，并忽略一些异常数据，最后得到了 399913 个单词及其预先训练好的 100 维的特征向量，如代码 3-21 所示。

代码 3-21　加载预先训练好的单词向量

```
# 加载预先训练好的单词向量
EMBEDDING_DIM = 100
embeddings_index = {}
f = open('glove.6B.100d.txt',errors='ignore') # 每个单词用包含 100 个数值的向量表示
for line in f:
    values = line.split()
    word = values[0]
    coefs = np.asarray(values[1:], dtype='float32')
    embeddings_index[word] = coefs
f.close()

print('Total %s word vectors.' %len(embeddings_index))
```

构造 Embedding 层，并用预训练好的单词向量对其初始化，需要注意的是该层不用训练，如代码 3-22 所示。

代码 3-22　构造 Embedding 层

```
# 构造 Embedding 层，并用预训练好的单词向量对其初始化，需要注意的是该层不用训练
from keras.initializers import Constant
from keras.layers import Embedding

word_index = tokenizer.word_index
embedding_matrix = np.zeros((len(word_index) + 1, EMBEDDING_DIM))
for word, i in word_index.items():
    embedding_vector = embeddings_index.get(word)
```

```
#根据单词挑选出对应向量
if embedding_vector is not None:
    embedding_matrix[i] = embedding_vector


# Embedding 层输入的最大单词编号为 len(word_index)=86627
# 一个句子有 maxlen=50 个单词，每个单词编码成 EMBEDDING_DIM=100 维的向量
# Embedding 层的输入大小为 (batch_size, maxlen)
# Embedding 层的输出大小为 (batch_size, maxlen, EMBEDDING_DIM)
embedding_layer = Embedding(len(word_index)+1, EMBEDDING_DIM,
            embeddings_initializer=Constant(embedding_matrix),
            input_length = maxlen,
            trainable=False)
```

构造基于 LSTM 的网络，用于对新闻摘要数据进行分类如代码 3-23 所示。

代码 3-23　构造基于 LSTM 的网络并训练

```
# LSTM 网络
from keras.layers import LSTM,Dense
from keras.models import Sequential
import matplotlib.pyplot as plt
model = Sequential()
model.add(embedding_layer)
model.add(LSTM(32))
model.add(Dense(len(int_category), activation='softmax'))

model.compile(optimizer='adam',
        loss='categorical_crossentropy',
        metrics=['acc'])
history = model.fit(x_train,
          y_train,
          epochs=20,
          validation_data=(x_val, y_val),
          batch_size=128)
# val_acc: 0.5920

# 绘制训练过程中分类精度和损失的变化
acc = history.history['acc']
val_acc = history.history['val_acc']
loss = history.history['loss']
```

```
val_loss = history.history['val_loss']
epochs = range(1, len(acc) + 1)


plt.title('Training and validation accuracy')
plt.plot(epochs, acc, 'red', label='Training acc')
plt.plot(epochs, val_acc, 'blue', label='Validation acc')
plt.legend()
plt.show()
```

建立一个类，它继承了 Keras 的 Layer 类，按照 Keras 中对层的定义方式实现，包含 __init__ 函数、build 函数、call 函数和计算输出数据大小的函数等，用于实现 3.2.1 小节定义的 Self Attention 网络，如代码 3-24 所示。

代码 3-24 Self Attention 网络的实现

```
# Self Attention 网络的定义
from keras.layers import Layer
import keras.backend as K
class Self_Attention(Layer):
    def __init__(self, output_dim, **kwargs):
        # out_shape = (batch_size, time_steps, output_dim)
        self.output_dim = output_dim
        super(Self_Attention, self).__init__(**kwargs)

    def build(self, input_shape):
        # 为该层创建一个可训练的权重，3 个二维的矩阵(3,lstm_units,output_dim)
        # input_shape = (batch_size, time_steps, lstm_units)
        self.kernel = self.add_weight(name='kernel',
                                      shape=(3,input_shape[2], self.output_dim),
                                      initializer='uniform',
                                      trainable=True)

        super(Self_Attention, self).build(input_shape)  # 一定要在最后调用它

    def call(self, x):
        WQ = K.dot(x, self.kernel[0])
        WK = K.dot(x, self.kernel[1])
        WV = K.dot(x, self.kernel[2])
        # print("WQ.shape",WQ.shape)
        # print("K.permute_dimensions(WK, [0, 2, 1]).shape",K.permute_
```

```
dimensions(WK, [0, 2, 1]).shape)

    QK = K.batch_dot(WQ,K.permute_dimensions(WK, [0, 2, 1]))
    QK = QK / (64**0.5)
    QK = K.softmax(QK)
    # print("QK.shape",QK.shape)


    V = K.batch_dot(QK,WV)
    return V


def compute_output_shape(self, input_shape):
    return (input_shape[0],input_shape[1],self.output_dim)
```

构造基于 LSTM 和 Self Attention 的网络并训练和测试,其中利用了代码 3-24 的 Self Attention 网络实现,如代码 3-25 所示。可以看到,加入了注意力模型后,分类精度有了提高。此处的 LSTM 类使用了 return_sequences=True 的参数,返回了每个单词的编码。

代码 3-25 构造基于 LSTM 和 Self Attention 的网络并训练

```
# LSTM 和 Self Attention
from keras.layers import Input,Dense,Permute,Flatten
from keras.layers import LSTM,multiply,add,Lambda
from keras.models import Model
import matplotlib.pyplot as plt
import keras.backend as K
# 一批句子作为输入,每个句子有 maxlen=50 个单词
inputs = Input(shape=(maxlen,))
# 输出(batch_size, maxlen=50, EMBEDDING_DIM=100)
inputs_embedding = embedding_layer(inputs)


# time_steps=50, maxlen=50
# INPUT_DIM=EMBEDDING_DIM=100
lstm_units = 32
# (batch_size, time_steps, INPUT_DIM) → (batch_size, time_steps, lstm_units)
lstm_out = LSTM(lstm_units, return_sequences=True)(inputs_embedding)


# (batch_size, time_steps, lstm_units) → (batch_size, time_steps, 64)
lstm_out = Self_Attention(64)(lstm_out)


# 所有 time_steps 求和
```

```
# (batch_size, time_steps, 64) → (batch_size, 64)
lstm_out = Lambda(lambda X: K.sum(X,axis=1))(lstm_out)


# (batch_size, 64) → (batch_size, 30)
output = Dense(len(int_category), activation='softmax')(lstm_out)
# 函数式方法构建网络
model = Model([inputs], output)
model.summary()

model.compile(optimizer='adam',
      loss='categorical_crossentropy',
      metrics=['acc'])
history = model.fit(x_train, y_train, epochs=20,
          validation_data=(x_val, y_val), batch_size=128)
# LSTM+Self_atten+sum: val_acc: 0.6149
```

代码 3-25 的网络结构如下。其中，Embedding 层的 800 多万个参数是固定不用训练的。该网络对验证集的分类精度为 61.49%，比代码 3-23 中没有 Self Attention 网络的结果要好。

```
Layer (type)                 Output Shape              Param #
=================================================================
input_2 (InputLayer)         [(None, 50)]              0
_____
embedding (Embedding)        (None, 50, 100)           8662800
_____
lstm_1 (LSTM)                (None, 50, 32)            17024
_____
self__attention_1 (Self_Atte )  (None, 50, 64)         6144
_____
permute (Permute)            (None, 64, 50)            0
_____
lambda (Lambda)              (None, 64)                0
_____
dense_1 (Dense)              (None, 30)                1950
=================================================================
Total params: 8,687,918
Trainable params: 25,118
Non-trainable params: 8,662,800
```

3.3 生成对抗网络

生成对抗网络是近年来在复杂分布上无监督学习中最具前景的方法之一。网络通过框架中的生成网络与判别网络的互相博弈产生相当好的输出,即生成网络能够生成以假乱真的样本,同时判别网络也具有很高的判别成功率。原始生成对抗网络理论中,并不要求生成网络和判别网络都是神经网络,只要求它们是能拟合相应生成器和判别器的函数即可。但实际应用中一般使用深度神经网络作为生成网络和判别网络。

3.3.1 常用生成对抗网络算法及其结构

本小节首先介绍基本的生成对抗网络的算法及其结构,然后介绍在图像处理方面比较常用的深度卷积生成对抗网络(Deep Convolutional GAN,DCGAN),最后介绍条件生成对抗网络(Conditional GAN)。

1. 基本 GAN

基本 GAN 包含生成网络和判别网络。生成网络从潜在空间(Latent Space)中随机采样作为输入,其输出结果需要尽量模仿训练集中的真实样本,如图 3-27 所示。

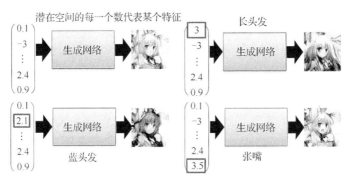

图 3-27 生成网络

判别网络的输入则为真实样本或生成网络的输出,其目的是尽可能将生成网络的输出从真实样本中分辨出来。判别网络的最后一层一般只有一个神经元,并且使用 Sigmoid 激活函数得到一个 0~1 之间的输出。如果输入真实样本,则希望判别网络输出 1,如果输入生成网络产生的样本,则希望判别网络输出 0,如图 3-28 所示。

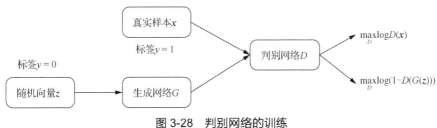

图 3-28 判别网络的训练

生成网络的训练如图 3-29 所示。

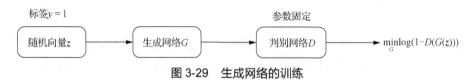

图 3-29　生成网络的训练

在训练过程中，生成网络 G 的目标就是尽量生成接近真实样本的图片去"欺骗"判别网络 D。而 D 的目标就是尽量把 G 生成的图片和真实样本分别开来。这样，G 和 D 构成了一个动态的"博弈过程"，如图 3-30 所示，不断交替如下过程以训练生成网络和判别网络。

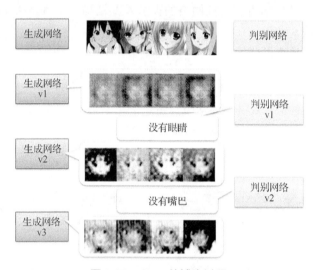

图 3-30　GAN 的博弈过程

训练判别网络 D，固定生成网络 G，采样 n_r 个真实样本和生成 n_f 个假样本，输入判别网络 D，并对每个样本计算损失。对真实样本 x，则 $D(x)$ 越接近 1 越好，即最小化损失 $-\log D(x)$；对由生成网络生成的假样本 $G(z)$，则 $D(G(z))$ 越接近 0 越好，即最小化损失 $-\log(1-D(G(z)))$。

训练生成网络 G，固定判别网络 D，生成一定数量的假样本，输入判别网络 D，使得 $D(G(z))$ 越接近 1 越好，即最小化损失 $\log(1-D(G(z)))$，"欺骗"判别网络，使得判别网络认为假样本是真实样本。

在最理想的状态下，迭代到一定程度之后，G 可以生成足以"以假乱真"的样本 $G(z)$。对于 D 来说，它难以判定 G 生成的样本究竟是不是真实的，因此 $D(G(z))=0.5$。

判别网络的目标函数可以合并为如式（3-6）所示。

$$\max_{D} E_{x \sim p_r}\left[\log D(x)\right] + E_{z \sim p_f}\left[\log\left(1-D(G(z))\right)\right] \quad (3\text{-}6)$$

生成网络的目标函数如式（3-7）所示。

第 ❸ 章　Keras 深度学习基础

$$\min_G E_{z \sim p_f} \left[\log\left(1 - D(G(z))\right) \right] \tag{3-7}$$

式（3-6）中，$x \sim p_r$ 是指 x 采样自真实样本的分布；$z \sim p_f$ 指 z 是服从某种分布（如正态分布或均匀分布）的随机向量；E 是指求数学期望，即平均值。

于是，训练判别网络时，只要设置真实样本的标签为 1 和假样本的标签为 0，即可方便地使用以下的 binary_crossentropy 损失函数，并取最小值，表达式如式（3-8）所示。

$$-\frac{1}{n_r + n_f} \sum_i y_i \log \hat{y}_i + (1 - y_i) \log\left(1 - \hat{y}_i\right) \tag{3-8}$$

即当 x_i 是真实样本时，$y_i = 1$，$\hat{y}_i = D(x_i)$，对应连加和的第一项 $y_i \log \hat{y}_i$；当 $G(z_i)$ 是假样本时，$y_i = 0$，$\hat{y}_i = D(G(z_i))$，对应连加和的第二项 $(1 - y_i)\log(1 - \hat{y}_i)$。

训练生成网络时，则要设置假样本的标签为 1，同样使用 binary_crossentropy 损失函数，此时，$-\frac{1}{n_f}\sum_i y_i \log \hat{y}_i = -\frac{1}{n_f}\sum_i \log D(G(z_i))$，而这与 $\frac{1}{n_f}\sum_i \log\left(1 - D(G(z_i))\right)$ 是等价的，即希望 $D(G(z_i))$ 越接近 1 越好。

基本 GAN 有如下 3 个优点。

（1）能更好地对数据分布建模（图像更锐利、清晰）。

（2）理论上，基本 GAN 能训练任何一种生成网络。而其他框架需要生成网络有一些特定的函数形式，例如，输出是满足高斯分布的。

（3）无须利用马尔科夫链反复采样，无须在学习过程中进行推断，没有复杂的变分下界，避开近似计算中棘手的概率难题。

基本 GAN 有如下两个缺点。

（1）难训练，不稳定。生成网络和判别网络之间需要很好的同步，但是在实际训练中很容易出现判别网络收敛，生成网络发散的情况。基本 GAN 的训练需要精心设计。

（2）可能出现模式崩溃（Mode Collapse）问题。在基本 GAN 的学习过程中可能出现模式崩溃问题，生成网络开始退化，总是生成同样的样本点，无法继续学习。

2．DCGAN

DCGAN 是对 GAN 有较好改进的变种，其主要的改进主要是在网络结构上。到目前为止，DCGAN 的网络结构仍被广泛使用。DCGAN 极大地提升了训练的稳定性以及生成结果质量。DCGAN 使用两个卷积神经网络，分别表示生成网络和判别网络，其中生成网络如图 3-31 所示。同时，DCGAN 对卷积神经网络的结构做了一些改变，以提高输出结果的质量和收敛的速度，这些改变有如下 4 点。

（1）取消所有池化层。生成网络中使用转置卷积进行上采样，判别网络中用加入步长的卷积代替池化层。

（2）在生成网络和判别网络中均使用批归一化。深度学习的神经网络层数很多，每一层都会使得输出数据的分布发生变化。随着层数的增加，网络的整体偏差会越来越大。批归一化可以解决这一问题，通过对每一层的输入都进行归一化处理，使得数据服从某个固定的数据分布。

（3）去除全连接层，使网络变为全卷积网络。全连接层的缺点在于参数过多，当神经网络层数多了以后运算速度会变得非常慢，此外它也会使网络变得容易过拟合。

（4）生成网络和判别网络使用不同的激活函数。生成网络中使用 ReLU 函数，输出层使用 tanh 激活函数。另外，判别网络中的所有的层均使用 LeakyReLU 函数。LeakyReLU 函数的定义为 $f(x) = \begin{cases} x, x > 0 \\ ax, x \leqslant 0 \end{cases}$，即通过非常小的线性分量调整负值的零梯度问题。

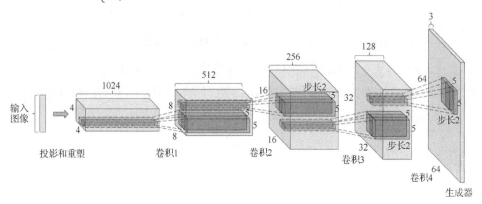

图 3-31 DCGAN 的生成网络

3. Conditional GAN

基本的生成对抗网络在训练时会很容易失去方向，不稳定且效果差。而 Conditional GAN 在基本的生成对抗网络中加入一些先验条件，使网络变得更加可控。具体来说，可以在生成网络 G 和判别网络 D 中同时加入条件来引导数据的生成过程。条件可以是任何补充的信息，如样本的类别、其他模态的数据等。这样的做法有很多应用，如图像标注、利用文本生成图片等。

Conditional GAN 的网络结构如图 3-32 所示。虽然训练样本有多个类别，但是每个样本的类别只作为数据和对应的样本一起传入判别网络中，判别网络的输出仍然是一个 0～1 之间的数。训练判别网络的时候，真实样本的标签仍然是 1（不论是哪一个类别），假样本的标签仍然是 0。并且，对于假样本，需要随机指定一个类别，再一起输入判别网络中进行训练。具体的细节可看 3.3.2 小节的 Conditional GAN 生成手写数字图片的实例。

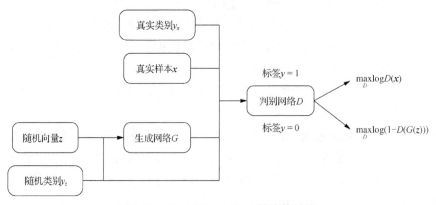

图 3-32 Conditional GAN 的网络结构

3.3.2 基于生成对抗网络的手写数字生成实例

本小节介绍在 Keras 中分别使用 DCGAN 和 Conditional GAN 生成手写数字图片。

1. DCGAN 生成手写数字图片

本小节利用 Keras 构造 DCGAN 并训练,使得生成网络可以生成以假乱真的手写数字图片。在训练 DCGAN 时,首先需要冻结生成网络,采样真实手写数字图片和生成网络输出的假样本,训练判别网络,使其尽可能区分两类样本;然后冻结判别网络,将生成网络构造的图片输入判别网络,训练生成网络,使得判别网络输出越接近 1 越好,即生成的图片越来越逼真,直到最后"骗过"判别网络。此时生成网络产生的图片与真实的手写数字图片基本一致。

构造一个生成网络。因为手写数字数据库比较简单,使用原始的 DCGAN 的网络结构会导致过拟合,需要减少卷积核的数量。生成网络首先让一维向量(100,)经过一个全连接层得到大小为 7×7×128 的三维矩阵;然后分别经过 4 组批归一化、激活函数和二维转置卷积,其中前两组的二维转置卷积的步长为 2,可以把行和列的大小扩大一倍;最后经过一个 Sigmoid 传递函数,输出一个大小为(28,28,1)的矩阵,每个像素值为 0~1 之间的值,如代码 3-26 所示。

代码 3-26 构造 DCGAN 的生成网络

```python
from keras.layers import Dense,BatchNormalization
from keras.layers import Conv2D, Flatten,LeakyReLU
from keras.layers import Reshape, Conv2DTranspose, Activation
from keras import Model,Sequential,Input
from keras.datasets import mnist
from keras.optimizers import RMSprop


import os,math
import numpy as np
import matplotlib.pyplot as plt


# 构造生成网络
# 生成网络将一维向量(100,)反向构造成图片所对应的矩阵(28,28,1)
def build_generator(latent_shape, image_shape):
 # latent_shape = (100,)
 # image_shape = (28,28,1)


 begin_shape = (image_shape[0] // 4, image_shape[1] // 4)
 model = Sequential( [
  # (100,) → (7*7*128,) → (7,7,128)
```

```
    Dense(begin_shape[0] * begin_shape[1] * 128,input_shape=latent_shape),
    Reshape((begin_shape[0], begin_shape[1], 128)),

    BatchNormalization(),
    Activation('relu'),
    # (7,7,128) → (14,14,128)
    Conv2DTranspose(filters=128, kernel_size=5,strides=2,padding='same'),

    BatchNormalization(),
    Activation('relu'),
    # (14,14,128) → (28,28,64)
    Conv2DTranspose(filters=64, kernel_size=5,strides=2,padding='same'),

    BatchNormalization(),
    Activation('relu'),
    # (28,28,64) → (28,28,32)
    Conv2DTranspose(filters=32, kernel_size=5,strides=1,padding='same'),

    # (28,28,32) → (28,28,1)
    BatchNormalization(),
    Activation('relu'),
    Conv2DTranspose(filters=1, kernel_size=5,strides=1,padding='same'),

    Activation('sigmoid') # 输出一个 (28,28,1) 的矩阵，每个像素值为 0~1 之间的值
],name='generator')

# 需要和判别网络一起构造 DCGAN，用 DCGAN 训练生成网络的参数
return model
```

代码 3-26 的网络结构如下。

Layer (type)	Output Shape	Param #
dense_3 (Dense)	(None, 6272)	633472
reshape_1 (Reshape)	(None, 7, 7, 128)	0
batch_normalization_4	(None, 7, 7, 128)	512

activation_7 (Activation)	(None, 7, 7, 128)	0
conv2d_transpose_4	(None, 14, 14, 128)	409728
batch_normalization_5	(None, 14, 14, 128)	512
activation_8 (Activation)	(None, 14, 14, 128)	0
conv2d_transpose_5	(None, 28, 28, 64)	204864
batch_normalization_6	(None, 28, 28, 64)	256
activation_9 (Activation)	(None, 28, 28, 64)	0
conv2d_transpose_6	(None, 28, 28, 32)	51232
batch_normalization_7	(None, 28, 28, 32)	128
activation_10 (Activation)	(None, 28, 28, 32)	0
conv2d_transpose_7	(None, 28, 28, 1)	801
activation_11 (Activation)	(None, 28, 28, 1)	0

===
Total params: 1,301,505
Trainable params: 1,300,801
Non-trainable params: 704

构造一个判别网络。判别网络输入一张形状为(28,28,1)的图片，输出一个 0～1 之间的数。为了避免过拟合，判别网络的卷积核的数量也比原始的 DCGAN 中判别网络的要少。需要注意的是，在每一个卷积层之前，都先经过了传递函数 LeakyReLU，它与 ReLU 的区别是，如果输入值小于 0，它将返回 alpha 乘输入值，而不是返回 0，如代码 3-27 所示。

代码 3-27　构造 DCGAN 的判别网络

```
# 构造判别网络
# 判别网络输入一张形状为 (28,28,1) 的图片，输出一个 0～1 之间的数，0 表示假样本，1 表示真实样本
def build_discriminator(image_shape):
 # image_shape=(28,28,1)
 discriminator = Sequential( [
```

```
    # (28,28,1) → (14,14,32)
    Conv2D(32, kernel_size=5, strides=2,
      padding="same",input_shape=image_shape), LeakyReLU(alpha=0.2),

    # (14,14,32) → (7,7,64)
    Conv2D(64, kernel_size=5, strides=2, padding="same"),
    LeakyReLU(alpha=0.2),

    # (7,7,64) → (4,4,128)
    Conv2D(128, kernel_size=5, strides=2, padding="same"),
    LeakyReLU(alpha=0.2),

    # (4,4,128) → (4,4,256)
    Conv2D(256, kernel_size=5, strides=1, padding="same"),
    LeakyReLU(alpha=0.2),

    Flatten(),
    Dense(1),
    Activation('sigmoid') # 输出一个 0～1 之间的数，0 表示假样本，1 表示真实样本
],name='discriminator')

return discriminator
```

代码 3-27 的网络结构如下。

```
_____
Layer (type)                 Output Shape              Param #
=================================================================
conv2d_4 (Conv2D)            (None, 14, 14, 32)        832
_____
leaky_re_lu_4 (LeakyReLU)    (None, 14, 14, 32)        0
_____
conv2d_5 (Conv2D)            (None, 7, 7, 64)          51264
_____
leaky_re_lu_5 (LeakyReLU)    (None, 7, 7, 64)          0
_____
conv2d_6 (Conv2D)            (None, 4, 4, 128)         204928
_____
leaky_re_lu_6 (LeakyReLU)    (None, 4, 4, 128)         0
```

```
conv2d_7 (Conv2D)            (None, 4, 4, 256)         819456

leaky_re_lu_7 (LeakyReLU)    (None, 4, 4, 256)         0

flatten_1 (Flatten)          (None, 4096)              0

dense_2 (Dense)              (None, 1)                 4097

activation_6 (Activation)    (None, 1)                 0
=================================================================
Total params: 1,080,577
Trainable params: 1,080,577
Non-trainable params: 0
```

把生成网络和判别网络串联在一起,构造成一个 DCGAN。需要注意的是,在训练生成网络的时候,判别网络的参数需要保持不变(discriminator.trainable=False),如此,训练过程才能稳定,如代码 3-28 所示。

代码 3-28　构建 DCGAN

```
# 构建DCGAN,并设置训练参数
# 设置训练相关的参数
model_name = 'DCGAN_mnist'
latent_dim = 100
batch_size = 64
train_steps = 5000 # 训练train_steps批
lr = 2e-4
decay = 6e-8
latent_shape = (latent_dim,)


# 读取数据,获取图片大小。无监督训练,不需要标签
(x_train, _), (_, _) = mnist.load_data()
image_shape = (x_train.shape[1],x_train.shape[2],1)


# 数据预处理,二维卷积操作的输入数据要求:[样本数,宽度,高度,通道数]
x_train = np.reshape(x_train, [-1, image_shape[0], image_shape[1], 1])
x_train = x_train.astype('float32') / 255   # 生成网络输出的像素值是0~1之间的值


# 编译判别网络
```

```python
discriminator = build_discriminator(image_shape)
discriminator.compile(loss = 'binary_crossentropy',
            optimizer = RMSprop(lr=lr, decay=decay),
            metrics = ['accuracy'])
discriminator.summary()


# 构建并编译 DCGAN
generator = build_generator(latent_shape,image_shape)
generator.summary()

discriminator.trainable = False # 训练生成网络时,判别网络要保持不变
input_latent = Input(latent_shape, name='adversarial_input')
outputs = discriminator(generator([input_latent]))
adversarial = Model([input_latent], outputs, name='adversarial')
adversarial.compile(loss = 'binary_crossentropy',
            optimizer = RMSprop(lr=lr*0.5, decay=decay*0.5),
            metrics = ['accuracy'])
adversarial.summary()
```

训练所构造的 DCGAN。训练包括两个步骤:首先冻结生成网络,采样真实样本和生成网络输出的假样本,训练判别网络,让它学会区分两类样本;然后冻结判别网络,让生成网络构造的图片输入判别网络,训练生成网络,使判别网络的输出越接近 1 越好,即让判别网络认为生成的样本是真的。不断迭代训练,当生成网络构造的图片让判别网络区分不了真假时,生成网络就具备了创造手写数字图片的能力。定义一个函数 plot_images,用于显示和保存生成网络构造的一批图片,如代码 3-29 所示。

代码 3-29　训练 DCGAN

```python
# 显示和保存生成网络构造的一批图片(5 x 5=25 张)
def plot_images(generator, noise_input, show=False, step=0, model_name = ''):
    os.makedirs(model_name, exist_ok=True)
    filename = os.path.join(model_name, "%05d.png" % step)
    images = generator.predict(noise_input)
    plt.figure(figsize = (2.2, 2.2))
    num_images = images.shape[0]
    rows = int(math.sqrt(noise_input.shape[0]))
    for i in range(num_images):
        plt.subplot(rows, rows, i + 1)
        image = np.reshape(images[i], [images.shape[1], images.shape[2]])
        plt.imshow(image, cmap= 'gray')
```

```
    plt.axis('off')

plt.savefig(filename)
if show:
    plt.show()
else:
    plt.close('all')

# 训练网络
'''
首先冻结生成网络,采样真实样本和生成网络输出的假样本,训练判别网络,让它学会区分两类样本。
然后冻结判别网络,让生成网络构造的图片输入判别网络,训练生成网络,使判别网络的输出越接近1越好
'''

save_interval = 500  # 训练时,每间隔500批,就保存一次生成网络输出的图片

# 构造给生成网络的一维随机向量,每隔500批训练后,都生成同样的25个假样本,方便对比
noise_input = np.random.uniform(-1.0, 1.0, size = [5*5, latent_dim])
train_size = x_train.shape[0]

for i in range(train_steps):
    #先训练判别网络,将真实样本和假样本同时输入判别网络,让判别网络学会区分真假样本
    # 随机选取真实样本
    rand_indexes = np.random.randint(0, train_size, size = batch_size)
    real_images = x_train[rand_indexes]
    #让生成网络构造假样本
    noise = np.random.uniform(-1.0, 1.0, size = [batch_size, latent_dim])
    fake_images = generator.predict(noise)
    # 合并真实样本和假样本,设置真实样本的对应标签为1,假样本的对应标签为0
    x = np.concatenate((real_images, fake_images))
    y = np.ones([2 * batch_size, 1])
    y[batch_size:, :] = 0.0
    # 训练判别网络,用一批的真实样本和一批的假样本
    loss, acc = discriminator.train_on_batch(x, y)
    log = "%d: [discriminator loss: %f, acc: %f]" % (i, loss, acc)
    # 然后训练生成网络
    #冻结判别网络,让生成网络构造的图片输入判别网络,使其输出越接近1越好
```

```
noise = np.random.uniform(-1.0, 1.0, size = [batch_size, latent_dim])
y = np.ones([batch_size, 1]) # 需要注意此时假样本的标签为 1, 即判别网络的输出越接近
1 越好
# 训练生成网络时需要使用判别网络的返回结果, 因此对两者连接后的 DCGAN 进行训练
loss, acc = adversarial.train_on_batch(noise, y)
log = "%s [adversarial loss: %f, acc: %f]" % (log, loss, acc)
# 每隔 save_interval 次保存训练结果
if (i+1) % save_interval == 0:
    print(log)
    if (i + 1) == train_steps:
        show = True
    else:
        show = False
    #将生成网络构造的图片绘制出来
    plot_images(generator,
            noise_input = noise_input,
            show = show, step = i+1,
            model_name = model_name)
# 保存生成网络的权重
generator.save_weights(model_name + "_generator.h5")
```

在训练过程中,代码会把生成网络每隔 500 次迭代后所绘制的图片保存起来。DCGAN 生成的手写数字图片在第 1000 次、第 2000 次、第 4000 次和第 10000 次迭代的结果如图 3-33 所示。可以看到,当迭代到第 1000 次的时候,生成网络还不具备构造高质量手写数字图片的能力;当迭代到第 2000 次的时候,图像的质量已经有了明显的提升;当迭代到 10000 次的时候,已经可以生成"以假乱真"的手写数字图片了。

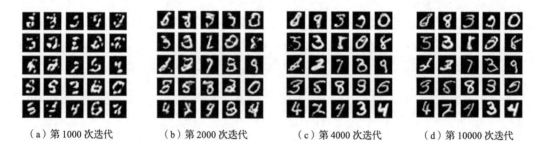

(a) 第 1000 次迭代　　(b) 第 2000 次迭代　　(c) 第 4000 次迭代　　(d) 第 10000 次迭代

图 3-33　DCGAN 生成的手写数字图片

如果没有 GPU 的支持,网络的训练时间会很长,可通过读取 dcgan_mnist_generator.h5 文件来直接使用已经训练过的生成网络,如代码 3-30 所示。

代码 3-30　直接读取 DCGAN 训练好的权重生成假样本

```
# 直接读取以前训练的权重（可以不用重复训练网络），生成假样本
# 构造一批随机初始化的一维向量让生成网络构造图片
generator.load_weights(model_name + "_generator.h5")
noise = np.random.randint(-1.0, 1.0, size=[5*5, 100])
plot_images(generator, noise_input = noise, show=True, model_name=model_name)
```

2. Conditional GAN 生成手写数字图片

在 DCGAN 生成手写数字图片的实例中有一个问题，给定一个随机向量，生成网络得到的数字图片也是随机的，即可能是 0 到 9 的任何一个，没有办法控制它生成指定数字的图片。本小节将利用 Conditional GAN 生成指定数字的图片，除了传入一个随机向量给生成网络之外，还会传入指定数字的类别的独热编码。

需要注意的是，Conditional GAN 的判别网络输出仍然是一个 0~1 之间的数。训练判别网络的时候，传递给损失函数的真实样本的标签仍然是 1（不论是哪一个数字），假样本的标签仍然是 0。而且对于假样本，需要随机指定一个类别，再一起输入判别网络中进行训练。例如，把某张手写数字 2 的图片输入网络中时，还会同时传入向量[0,0,1,0,0,0,0,0,0,0]，即生成网络和判别网络都有两个输入。

在生成网络中，首先将 100 个分量的随机向量与 10 个分量的独热编码结合在一起，构成具有 110 个分量的向量，经过第一个全连接层和 Reshape 层后，得到大小为(7,7,128)的二维向量。然后进行 4 组转置卷积，得到一个大小为(28,28,1)的输出。

在判别网络中，首先让具有 10 个分量的独热编码经过全连接层和 Reshape 层得到和输入图像一样大小为(28,28,1)的数据。然后把该数据和图像数据拼接起来，得到大小为(28,28,2)的数据。再经过 4 组卷积和一个全连接层，得到一个 0~1 之间的标量输出。

生成网络构造的图片如果与所给定的独热编码指定数字不一致，那么判别网络就会得到接近 0 的输出，从而迫使生成网络调整自身参数，让生成的图片与独热编码指定的数字相一致。最后，通过独热编码控制生成网络得到指定数字的图片。使用 Conditional GAN 生成手写数字图片，如代码 3-31 所示。

代码 3-31　使用 Conditional GAN 生成手写数字图片

```
from keras.layers import Dense,BatchNormalization,concatenate
from keras.layers import Conv2D, Flatten,LeakyReLU
from keras.layers import Reshape, Conv2DTranspose, Activation
from keras import Model,Sequential,Input,utils
from keras.datasets import mnist
from keras.optimizers import RMSprop

import os
import numpy as np
```

```python
import matplotlib.pyplot as plt
import math


# 构造生成网络
# 生成网络将一维向量(100,)及独热编码(10,), 反向构造成图片对应的矩阵(28,28,1)
def build_generator(latent_shape, label_shape, image_shape):
 # latent_dim = 100
 # label_shape=(10,)
 # 由于有2个输入,所以使用函数式方法构造网络比较方便
 input_latent = Input(latent_shape, name='generator_input')
 input_label = Input(label_shape, name='input_label')

 #将100维的输入向量与10维的独热编码结合在一起,成为110维的x
 x = concatenate([input_latent, input_label], axis = 1)
 begin_shape = (image_shape[0] // 4, image_shape[1] // 4)
 model = Sequential( [
  Dense(begin_shape[0] * begin_shape[1] * 128),
  Reshape((begin_shape[0], begin_shape[1], 128)),
  BatchNormalization(),
  Activation('relu'),
  # (7,7,128) → (14,14,128)
  Conv2DTranspose(filters=128, kernel_size=5,strides=2,padding='same'),
  BatchNormalization(),
  Activation('relu'),
  # (14,14,128) → (28,28,64)
  Conv2DTranspose(filters=64, kernel_size=5,strides=2,padding='same'),
  BatchNormalization(),
  Activation('relu'),
  # (28,28,64) → (28,28,32)
  Conv2DTranspose(filters=32, kernel_size=5,strides=1,padding='same'),
  # (28,28,32) → (28,28,1)
  BatchNormalization(),
  Activation('relu'),
  Conv2DTranspose(filters=1, kernel_size=5,strides=1,padding='same'),
  Activation('sigmoid') # 输出一个 (28,28,1) 的矩阵, 每个像素值为 0~1 之间的值
 ])
 image_rec = model(x)
```

```
generator = Model([input_latent,input_label],image_rec,name='generator')
return generator


# 构造判别网络
# 判别网络输入一幅大小为 (28,28,1) 的图像，输出一个 0~1 之间的数，0 表示假样本，1 表示真实
样本
def build_discriminator(image_shape,label_shape):
 # image_shape=(28,28,1)
 # label_shape=(10,)
 # 由于有 2 个输入，所以使用函数式方法构造网络比较方便
 input_image = Input(image_shape, name='discriminator_input')
 input_label = Input(shape=label_shape, name='input_label')
 # 将具有 10 个分量的独热编码，经过全连接层和 Reshape 层得到和输入图像大小一样的矩阵
 y = Dense(image_shape[0] * image_shape[1])(input_label)
 y = Reshape((image_shape[0], image_shape[1], 1))(y)
 #把图像数据与独热编码拼接起来，这里是与前面代码不同的唯一之处
 x = concatenate([input_image, y]) # shape=(28, 28, 2)
 model = Sequential( [
  # (28,28,1) → (14,14,32)
  LeakyReLU(alpha=0.2),
  Conv2D(32, kernel_size=5, strides=2, padding="same"),
  # (14,14,32) → (7,7,64)
  LeakyReLU(alpha=0.2),
  Conv2D(64, kernel_size=5, strides=2, padding="same"),
  # (7,7,64) → (4,4,128)
  LeakyReLU(alpha=0.2),
  Conv2D(128, kernel_size=5, strides=2, padding="same"),
  # (4,4,128) → (4,4,256)
  LeakyReLU(alpha=0.2),
  Conv2D(256, kernel_size=5, strides=1, padding="same"),
  Flatten(),
  Dense(1),
  Activation('sigmoid') ])   # 输出一个 0~1 之间的数，0 表示假样本，1 表示真实样本
 score =  model(x)
 discriminator = Model([input_image,input_label],score,name='discriminator')
 return discriminator
```

```python
# 显示和保存生成网络构造的一批图片（5×5=25 张）
def plot_images(generator, noise_input, noise_class, show=False, step=0,
model_name = ''):
    os.makedirs(model_name, exist_ok=True)
    filename = os.path.join(model_name, "%05d.png" % step)
    images = generator.predict([noise_input,noise_class])
    plt.figure(figsize = (5, 5))
    num_images = images.shape[0]
    rows = int(math.sqrt(noise_input.shape[0]))
    for i in range(num_images):
        plt.subplot(rows, rows, i + 1)
        image = np.reshape(images[i], [images.shape[1], images.shape[2]])
        plt.imshow(image, cmap= 'gray')
        plt.axis('off')

    plt.savefig(filename)
    if show:
        plt.show()
    else:
        plt.close('all')


# 构建判别网络和 Conditional GAN，并设置训练参数
# 设置训练相关的参数
model_name = 'DCGAN_mnist_condition'
latent_dim = 100
batch_size = 64
train_steps = 5000  # 训练 train_steps 批
lr = 2e-4
decay = 6e-8


latent_shape=(latent_dim,)


# 读取数据，获取图片大小
# 区分类别的 Conditional GAN，需要标签。只是为了生成新样本，不需要测试样本进行对比
(x_train, y_train), (_, _) = mnist.load_data()
image_shape = (x_train.shape[1],x_train.shape[2],1)
```

第❸章 Keras 深度学习基础

```python
# 数据预处理，二维卷积操作的输入数据要求：[样本数,宽度,高度,通道数]
x_train = np.reshape(x_train, [-1, image_shape[0], image_shape[1], 1])
x_train = x_train.astype('float32') / 255   # 生成网络的输出的像素值是 0~1 之间的值
y_train = utils.to_categorical(y_train)
label_shape = (y_train.shape[-1],) # different!

# 编译判别网络
discriminator = build_discriminator(image_shape,label_shape)
discriminator.compile(loss = 'binary_crossentropy',
             optimizer = RMSprop(lr=lr, decay=decay),
             metrics = ['accuracy'])
discriminator.summary()

# 构建并编译 Conditional GAN
generator = build_generator(latent_shape,label_shape,image_shape)
generator.summary()
discriminator.trainable = False   # 训练生成网络时判别网络要保持不变

input_latent = Input(latent_shape, name='adversarial_input')
input_label = Input(label_shape, name='input_label')
outputs = discriminator([generator([input_latent, input_label]), input_label])
adversarial = Model([input_latent, input_label], outputs, name='adversarial')
adversarial.compile(loss = 'binary_crossentropy',
             optimizer = RMSprop(lr=lr*0.5, decay=decay*0.5),
             metrics = ['accuracy'])
adversarial.summary()

# 训练网络
'''
首先冻结生成网络，采样真实样本和生成网络输出的假样本，训练判别网络，让它学会区分两类样本。
然后冻结判别网络，让生成网络构造的图片输入判别网络，训练生成网络，使判别网络的输出越接近
1 越好
'''

save_interval = 500 # 训练时，每间隔 500 批，就保存一次生成网络输出的图片

# 构造给生成网络的一维随机向量，每隔 500 批训练后，都同样生成 100 个假样本，方便对比
```

```python
noise_input = np.random.uniform(-1.0, 1.0, size = [10*10, latent_dim])
noise_class = np.eye(label_shape[0])[np.arange(0, 10*10) % label_shape[0]] # different!
train_size = x_train.shape[0]

for i in range(train_steps):
    # 先训练判别网络,将真实样本和假样本同时输入判别网络,让判别网络学会区分真假样本
    # 随机选取真实样本
    rand_indexes = np.random.randint(0, train_size, size = batch_size)
    real_images = x_train[rand_indexes]
    real_labels = y_train[rand_indexes]  # different!

    #让生成网络构造假样本
    noise = np.random.uniform(-1.0, 1.0, size = [batch_size, latent_dim])
    # 随机指定每个假样本的类别,并转化为独热编码
    fake_labels = np.eye(label_shape[0])[np.random.choice(label_shape[0], batch_size)]
    fake_images = generator.predict([noise, fake_labels])

    # 合并真实样本和假样本
    x = np.concatenate((real_images, fake_images))
    #将真实样本对应的独热编码和假样本对应的独热编码连接
    y_labels = np.concatenate((real_labels, fake_labels))

    y = np.ones([2 * batch_size, 1])
    #上半部分图片为真,下半部分图片为假
    y[batch_size:, :] = 0.0


    # 训练判别网络,用一批的真实样本和一批的假样本
    # 需要注意这里需要输入图片及其对应的独热编码
    loss, acc = discriminator.train_on_batch([x, y_labels], y)
    log = "%d: [discriminator loss: %f, acc: %f]" % (i, loss, acc)

    # 然后训练生成网络。冻结判别网络,让生成网络构造图片输入判别网络,使其输出越接近1越好
    noise = np.random.uniform(-1.0, 1.0, size = [batch_size, latent_dim])
    fake_labels = np.eye(label_shape[0])[np.random.choice(label_shape[0], batch_size)]

    y = np.ones([batch_size, 1]) # 需要注意此时假样本的标签为1,即要使判别网络的输出越
接近1越好
```

```
# 训练生成网络时需要使用判别网络的返回结果,因此对两者连接后的Conditional GAN进行训练
loss, acc = adversarial.train_on_batch([noise, fake_labels], y)
log = "%s [adversarial loss: %f, acc: %f]" % (log, loss, acc)

# 每隔save_interval次保存训练结果
if (i+1) % save_interval == 0:
    print(log)
    if (i + 1) == train_steps:
        show = True
    else:
        show = False
    # 将生成网络构造的图片绘制出来
    plot_images(generator,
            noise_input = noise_input,
            noise_class = noise_class, # different!
            show = show, step = i+1,
            model_name = model_name)

# 保存生成网络的权重
generator.save_weights(model_name + "_generator.h5")
```

Conditional GAN 生成的手写数字图片在第 1000 次、第 2000 次、第 3000 次和第 5000 次迭代的结果如图 3-34 所示。可以看到,当迭代到第 1000 次的时候,生成网络还不具备构造高质量手写数字图片的能力;当迭代到第 3000 次的时候,图像的质量已经有了明显的提升;当迭代到第 5000 次的时候,已经可以生成以假乱真的手写数字图片了。并且,生成网络可以通过独热编码生成指定数字的图片,即第一列是 0 的图片、第 2 列是 1 的图片……最后一列是 9 的图片。

(a) 第 1000 次迭代　　　　　　(b) 第 2000 次迭代

图 3-34　Conditional GAN 生成的手写数字图片

（c）第 3000 次迭代　　　　　　　　（d）第 5000 次迭代

图 3-34　Conditional GAN 生成的手写数字图片（续）

实训 1　卷积神经网络

1．训练要点

（1）掌握使用 Keras 构建卷积神经网络的主要步骤。
（2）根据卷积的输出结果，理解卷积运算的过程。
（3）掌握使用预训练好的 ResNet-50 对自己的数据再次进行训练的方法。

2．需求说明

基于 CIFAR-10 数据集实现图像分类，该数据集共有 60000 张彩色图像，这些图像的尺寸为 32×32，分为 10 个类别，每个类别有 6000 张图。其中有 50000 张图片用于训练，构成 5 个训练批，每一批有 10000 张图，每一类都有 5000 张图；另外 10000 张图片用于测试，单独构成 1 个测试批。测试批的数据取自 10 个类别，每一类随机取 1000 张。需要实现以下内容。

（1）自行构造一个有 3 个卷积层的卷积神经网络，并设置优化算法及其学习率、批大小和迭代的次数，分析相应的结果。
（2）得到 CIFAR-10 数据集的第一张训练图片在 3 个卷积层某个通道的中间结果，用图形绘制出来，并进行分析。
（3）使用预训练好的 ResNet-50，选取部分网络层，并添加合适的网络层，构造网络进行训练，并调整网络参数，分析相应的结果。与自己构造的卷积神经网络对比分类精度。

3．实现思路及步骤

（1）构建卷积神经网络，设置优化算法、学习率、批大小和迭代次数。
（2）使用图形绘制 3 个卷积层中某个通道的中间结果。
（3）读取预训练好的 ResNet-50 的权重，构造网络、调整网络参数并训练网络，最后分析网络的分类精度。

实训 2　循环神经网络

1. 训练要点

（1）掌握循环神经网络中的常用网络层的基本原理与实现方法。
（2）理解注意力模型的使用方法。
（3）能够设计并编程实现利用循环神经网络进行文本分类的方法。

2. 需求说明

在处理网络问政平台的群众留言时，工作人员首先按照一定的划分体系对留言进行分类，以便后续将群众留言分派至相应的职能部门处理。目前，大部分电子政务系统还是依靠人工根据经验处理，存在工作量大、效率低且差错率高等问题。请根据附件给出的数据，利用循环神经网络和 Self Attention 网络，建立关于留言内容的一级分类网络。附件数据如表 3-7 所示。

表 3-7　附件数据

留言编号	留言用户	留言主题	留言时间	留言详情	一级分类
744	A089211	建议增加 A 小区快递柜	2019/10/18 14:44	我们是 A 小区居民……	交通运输

3. 实现思路及步骤

可参考 3.2.2 小节介绍的新闻摘要分类实例。

实训 3　生成对抗网络

1. 训练要点

（1）掌握生成对抗网络中的常用网络层的基本原理与实现方法。
（2）能够设计并编程实现生成对抗神经网络解决一些实际问题。

2. 需求说明

fashion_mnist 数据集（from keras.datasets import fashion_mnist）包含 10 个类别的图像，分别是 T-shirt/top（T 恤）、Trouser（裤子）、Pullover（套衫）、Dress（连衣裙）、Coat（外套）、Sandal（凉鞋）、Shirt（衬衫）、Sneaker（运动鞋）、Bag（包）、Ankle boot（短靴），如图 3-35 所示。利用 fashion_mnist 数据集的训练数据构造 Conditional GAN，并显示其生成的 10 个类别的新图片。

3. 实现思路及步骤

可参考代码 3-31。

Keras 与深度学习实战

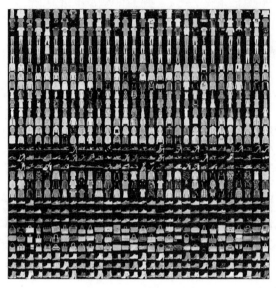

图 3-35　fashion_mnist 数据集

小结

没有坚实的物质技术基础，就不可能全面建成社会主义现代化强国。本章介绍了 Keras 深度学习基础，主要内容包括卷积神经网络中的常用网络层的基本原理与实现方法，LeNet-5、AlexNet、VGGNet、GoogLeNet 和 ResNet 等常用卷积神经网络算法及其结构；循环神经网络中的常用网络层的基本原理与实现方法；生成对抗网络中的常用网络层的基本原理与实现方法，为后续深入学习 Keras 深度学习打下坚实基础。

课后习题

（1）假设输入数据有 16 个通道，每个通道的大小为 64×64，经过一个卷积核大小为 3×3 卷积层之后，输出 2 个通道，每个通道的大小为 64×64。则该卷积层含有（　　）个可学习的参数（不包括偏差）。

  A．3×3   B．16×3×3

  C．16×3×3×2   D．64×16×3×3×2

（2）在 AlexNet 等典型的卷积神经网络中，随着网络深度的增加，通常有（　　）。

  A．每层的通道的高度和宽度减少，通道数增加

  B．每层的通道的高度和宽度增加，通道数增加

  C．每层的通道的高度和宽度减少，通道数减少

  D．每层的通道的高度和宽度增加，通道数减少

（3）下列有关卷积神经网络和循环神经网络的描述，错误的是（　　）。

  A．卷积神经网络与循环神经网络都是传统神经网络的扩展

B. 卷积神经网络与循环神经网络都可以使用误差反向传播算法进行训练

C. 循环神经网络可以用于描述时间上具有连续状态的输出,有记忆功能

D. 卷积神经网络与循环神经网络不能组合使用

(4) 循环神经网络比较擅长处理(　　　)。

A. 序列相关问题　　　　　　B. 图像分类

C. 图像检索　　　　　　　　D. 图像去噪

(5) 生成对抗网络的核心是对抗,两个网络互相竞争,一个负责生成样本,另一个负责(　　　)。

A. 判别　　　B. 计算　　　C. 统计　　　D. 生成

第 4 章 基于 RetinaNet 的目标检测

目标检测是计算机视觉和人工智能研究领域的一个热门研究方向，目标检测旨在对图片或视频中出现的感兴趣目标进行检测，判断目标的类别并指出目标在图片或视频中的位置和大小。本章使用 COCO 数据集，构建 RetinaNet 并用它进行目标检测，检测结果不仅可以指出目标所属类别的概率，还可以通过矩形框的方式指出目标的位置和大小。

学习目标

（1）了解目标检测的背景和基本概念。
（2）了解目标检测的相关理论。
（3）熟悉使用 RetinaNet 进行目标检测的总体流程。
（4）掌握 RetinaNet 的构建、训练和测试方法。

4.1 算法简介与目标分析

目标检测算法的应用十分广泛。在 2012 年后，基于深度学习的目标检测愈发受到关注，常见的目标检测算法可以根据不同的实现步骤进行划分。读者可结合本章的分析目标和目标检测算法的相关理论介绍，了解目标检测的应用场景。

4.1.1 背景介绍

目标检测是计算机视觉和人工智能研究领域的一个热点问题，它不仅能够指出图像中有无感兴趣的目标，还能判断目标的位置和大小。目标检测需要解决的问题主要有如下 4 个。

（1）分类问题。判断图像中是否有感兴趣的目标。
（2）定位问题。指出目标在图像中的坐标。
（3）尺度问题。指出目标的大小。
（4）形状问题。判断目标的形状。

随着目标检测技术的发展，目标检测在工业制造、车辆检测、遥感、医疗、行人检测和人脸识别等领域有着广泛的应用，如图 4-1 所示。

第 4 章　基于 RetinaNet 的目标检测

图 4-1　目标检测应用领域

目标检测在各领域的常见应用如下。

（1）工业制造领域。目标检测在质量检测、工件检测、自动焊接、视觉伺服、自动喷涂、自动组装和产品瑕疵检测等方面有广泛的应用。

（2）车辆检测领域。目标检测在自动驾驶、违章查询、关键通道检测、车流量检测、交通控制等方面有广泛的应用。

（3）遥感领域。目标检测在大地遥感、河流监控、土地使用、农作物监控等方面有广泛的应用。

（4）医疗领域。目标检测在细胞分析、肿瘤分析、超声波图像分析等方面有广泛的应用。

（5）行人检测领域。目标检测在人流统计、自动驾驶、移动侦测、区域入侵检测和交通安全检测等方面有广泛的应用。

（6）人脸识别领域。目标检测在会议签到、考勤打卡、支付、机场和车站的实名认证以及公共安全等方面有广泛的应用。

4.1.2　目标检测算法概述

因为图像在拍摄时通常会存在拍摄角度变化、光照条件变化、部分遮挡、运动模糊、多尺度、景深不统一、存在噪声等多种问题，所以设计一个高效且鲁棒的目标检测算法有一定的难度。目标检测是一个具有挑战性和开放性的问题。2006 年，在欣顿等人的引领下，大量研究人员开始尝试采用深度学习技术提高目标检测算法的性能。2012 年，欣顿课题组凭借其构建的 AlexNet 在 ILSVRC 中夺冠，基于深度学习的目标检测因此受到了广泛的关注。

目前主流的深度学习目标检测算法可以分为二阶段（Two-Stage）目标检测算法和一阶段（One-Stage）目标检测算法两大类。

二阶段目标检测算法主要分为两步。第一步先对图像进行扫描，找到可能有目标存在的候选区域（Region Proposal），包括目标的大致位置和尺度信息。第二步对候选区域进行分类和精确定位，进而输出检测结果。因此二阶段目标检测算法有比较高的准确率，但是训练和检测速度相对较慢。典型的二阶段目标检测算法有 R-CNN、SPP-Net、Fast R-CNN、Faster R-CNN 和 R-FCN 等。

一阶段目标检测算法只需要一步就能直接确定目标的类别和准确位置。与二阶段目标检测算法相比，一阶段目标检测算法去除了确定候选区域的阶段，整体网络结构较为简单，计算速度相对较快。典型的一阶段目标检测算法有 CornerNet、OverFeat、YOLO 和 RetinaNet 等。

何恺明等人在 2017 年的 IEEE 国际计算机视觉大会（International Conference on Computer Vision）上发表了论文 *Focal Loss for Dense Object Detection*。该论文提出的 RetinaNet 解决了一阶段目标检测算法的正负样本不平衡问题，并且能够在保证目标检测速度的基础上提高检测的准确率。

4.1.3　目标检测相关理论介绍

本小节对目标检测相关理论进行介绍，包括锚点、边框回归和交并比等。

1. 锚点

在对某个特征层进行目标检测时，朴素的思想是生成不同坐标、尺度和宽高比的扫描窗口，采用滑动窗口的方式对特征图进行扫描，判断每个扫描窗口中是否有目标存在。锚点就是在特征层中预先设定好的窗口，用于判断其中是否有目标存在，进而判断目标的准确位置。首先预设一组不同尺度、不同位置的固定参考框，覆盖几乎所有位置和尺度，每个参考框负责检测与其交并比大于阈值的目标，锚点将目标检测问题转换为"这个固定参考框中有没有目标，目标偏离参考框多远"，而不再需要多尺度遍历窗口。锚点的示例如图 4-2 所示，假设将一张图片经过特征提取后获得一个 8×8 的特征图，以特征图上坐标为 (3,3) 的点为例，采集了 2 个不同尺度下的 3 个不同长宽比的窗口，共 6 个。那么，对于整个特征图而言，可以获得共 8×8×6=384 个锚点。

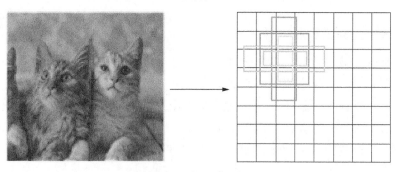

图 4-2　锚点的示例

2. 边框回归

锚点无法穷举目标的所有状态，需依据目标的真实状态进行修正。边框回归的原理如图 4-3 所示，深色框为目标框，(x_g, y_g) 为目标框的中点坐标，w_g 和 h_g 为目标框的宽和高，浅色框为锚点框，(x_a, y_a) 为锚点框的中点坐标，w_a 和 h_a 为锚点框的宽和高。锚点框与目标框的修正值$[\Delta x, \Delta y, \Delta w, \Delta h]$如式（4-1）所示。

$$\begin{cases} \Delta x = \dfrac{x_g - x_a}{x_a} \\ \Delta y = \dfrac{y_g - y_a}{y_a} \\ \Delta w = \log \dfrac{w_g}{w_a} \\ \Delta h = \log \dfrac{h_g}{h_a} \end{cases} \quad (4\text{-}1)$$

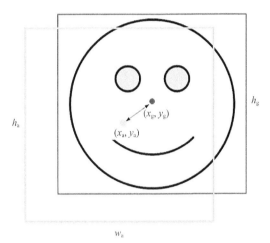

图 4-3 边框回归的原理

3. 交并比

交并比（Intersection Over Union，IOU）是目标检测中判断锚点框与目标框重合度的一种度量方法，指的是锚点框与目标框相交面积与相并面积之比，即 $\text{IOU} = \dfrac{A \cap B}{A \cup B}$，如图 4-4 所示。

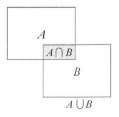

图 4-4 交并比

在网络的训练过程中，通过交并比计算锚点框属于目标框的概率。在网络的测试过程中，通过交并比计算测试结果的准确率。

4.1.4 分析目标

本案例采用 COCO 数据集，结合 RetinaNet，可以实现以下目标。

（1）让网络学习数据集中含有目标的图片，以及图片中的目标种类和状态的标注，生成目标检测器。

（2）目标检测器可以通过分类子网络判别目标所属种类的概率。

（3）目标检测器可以通过回归子网络判别目标在图片中的位置、尺度和宽高比，并以矩形框的方式框出目标。

使用 RetinaNet 进行目标检测的总体流程如图 4-5 所示，主要包括以下 4 个步骤。

（1）数据准备。下载数据集，对图像进行预处理，对数据集进行编码并设置数据集管道。

（2）构建网络。构建由主干网络和分类回归子网络组成的 RetinaNet。

（3）训练网络。定义损失函数、对网络进行训练，以及加载模型测试点。

（4）模型预测。将待检测图像作为输入，对 RetinaNet 的输出进行解码和非极大值抑制处理，得到预测结果。

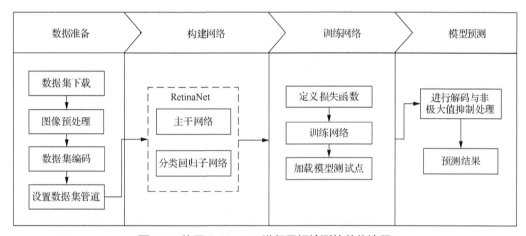

图 4-5 使用 RetinaNet 进行目标检测的总体流程

4.1.5 项目工程结构

本章涉及的项目在 Keras 2.4.3 与 TensorFlow 2.2.0 环境下运行，Matplotlib 版本为 3.3.3，运行代码的计算机至少要有 8GB 的磁盘存储空间。

本案例的目录如图 4-6 所示，主要包含 data 文件夹、retinanet 文件夹和 retinanet.py 文件。data 文件夹主要存放 COCO 数据集数据，包括训练集数据和测试集数据；retinanet 文件夹主要存放检查点数据；retinanet.py 文件存放本案例的全部代码。

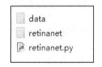

图 4-6 本案例的目录

第 4 章 基于 RetinaNet 的目标检测

4.2 数据准备

目标检测数据集会提供图像数据（image）、目标框数据（bbox）和目标种类数据（label）等。在网络训练过程中，需要将数据集中的目标框数据和目标种类数据编码成与网络对应的输出形式。在目标检测过程中，需要将网络的输出解码成目标框数据和目标种类数据。

本案例使用 COCO 数据集对 RetinaNet 进行训练和测试。COCO 数据集是一个大型、丰富的物体检测、分割和字幕数据集。这个数据集可用于场景理解（Scene Understanding），主要从复杂的日常场景中截取图像，通过对图像中的目标精确地分割（Segmentation）来进行位置的标定。数据集中的图像包括 91 类目标，328000 幅图像和 2500000 个目标种类数据。

COCO 数据集的原始输出是一个字典，主要有以下键值对，如表 4-1 所示。

表 4-1 COCO 数据集键值对说明

键名	说明
image	图像数据。形状为 $(n,m,3)$，n、m 和 3 分别为图像的宽、高和通道数
image/filename	图像名字。如 "000000460139.jpg"
image/id	图像的 ID，如 460139
objects	目标相关数据。包括目标面积数据，如[17821,16942,4344]，表示图像中有 3 个目标，面积分别是 17821、16942 和 4344。目标框数据，如[[0.54380953,0.13464062, 0.98651516,0.33742186],[0.50707793,0.517875,0.8044805,0.891125],[0.3264935,0.36971876,0.65203464,0.4431875]]中有 3 个列表，表示图像中有 3 个目标，每个列表里面是 [x_1, x_2, y_1, y_2] 的归一化处理结果。
id	目标的 ID，如[152282,155195,185150]
s_crowd	是否为单个目标。值为 True 或 False
label	目标种类数据。如[3,2,0]表示图像中有 3 个目标，它们的种类编号分别为 3、2 和 0

在本章的目标检测任务中，主要使用的键有 "image" "objects" "label"。

4.2.1 数据集下载

导入相关的模块，下载并解压数据集，解压后可获得 data 文件夹，如代码 4-1 所示。

代码 4-1 导入模块、下载并解压数据集

```
import os
import re
import zipfile
import numpy as np
import tensorflow as tf
import keras
```

```
import matplotlib.pyplot as plt
import tensorflow_datasets as tfds   #使用内置数据集，如 COCO 数据集
# 数据集下载地址
filename = os.path.join(os.getcwd(), "data.zip")
keras.utils.get_file(filename, url)
# 解压数据集
with zipfile.ZipFile('data.zip', 'r') as z_fp:
    z_fp.extractall('./')
```

4.2.2 图像预处理

为了使图像大小符合网络要求，同时增加样本的多样性，在训练网络前需对图像进行预处理。

对于单个样本，首先读取数据集中的图像数据和目标框数据，然后将图像数据连同目标框数据进行随机水平翻转，进而调整图像数据和目标框数据的大小，以符合网络输入的要求。定义图像预处理相关的自定义函数，如代码 4-2 所示，其中 3 个自定义函数的具体功能如下。

（1）random_flip_horizontal(image, boxes)：以 50%的概率翻转图像和目标框。

（2）resize_and_pad_image(image, min_side, max_side, jitter, stride)：调整图像大小，使图像的短边长度等于 min_side；如果图像的长边长度大于 max_side，就调整图像的长边长度等于 max_side；如果图像的形状不能被步长 stride 整除，则补 0。

（3）preprocess_data(sample)：调用 random_flip_horizontal 和 resize_and_pad_image 两个函数，输出处理后的图像、目标框和目标种类编号。

代码 4-2　定义图像预处理相关的自定义函数

```
# 实现效用函数
"""
边界框可以用多种方式表示，常见的格式包括如下。
1. 存储角点的坐标 [xmin, ymin, xmax, ymax]。
2. 存储中心的坐标和长方体尺寸[x, y, width, height]。
因为我们需要用到这两种格式，所以我们将实现用于在这两种格式之间转换的函数。
"""

def swap_xy(boxes):
    """交换边界框的 x 和 y 坐标的顺序。
    属性如下。
        boxes: 形状为(num_boxes, 4)的张量，表示边界框。
    返回值说明如下。
        交换了 x 和 y 坐标顺序后的边界框的形状与原边界框的形状相同。
```

```python
    """
    return tf.stack([boxes[:, 1], boxes[:, 0],
                     boxes[:, 3], boxes[:, 2]], axis=-1)


def convert_to_xywh(boxes):
    return tf.concat(
        [(boxes[..., :2] + boxes[..., 2:]) / 2.0,
          boxes[..., 2:] - boxes[..., :2]],
        axis=-1,
    )


def convert_to_corners(boxes):
    return tf.concat(
        [boxes[..., :2] - boxes[..., 2:] / 2.0,
          boxes[..., :2] + boxes[..., 2:] / 2.0],
        axis=-1,
    )


def compute_iou(boxes1, boxes2):
    boxes1_corners = convert_to_corners(boxes1)
    boxes2_corners = convert_to_corners(boxes2)
    lu = tf.maximum(boxes1_corners[:, None, :2], boxes2_corners[:, :2])
    rd = tf.minimum(boxes1_corners[:, None, 2:], boxes2_corners[:, 2:])
    intersection = tf.maximum(0.0, rd - lu)
    intersection_area = intersection[:, :, 0] * intersection[:, :, 1]
    boxes1_area = boxes1[:, 2] * boxes1[:, 3]
    boxes2_area = boxes2[:, 2] * boxes2[:, 3]
    union_area = tf.maximum(
        boxes1_area[:, None] + boxes2_area - intersection_area, 1e-8
    )
    return tf.clip_by_value(intersection_area / union_area, 0.0, 1.0)

def visualize_detections(
    image, boxes, classes, scores, figsize=(7, 7), linewidth=1, color=[0, 0, 1]
):
    image = np.array(image, dtype=np.uint8)
    plt.figure(figsize=figsize)
```

```python
        plt.axis('off')
        plt.imshow(image)
        ax = plt.gca()
        for box, _cls, score in zip(boxes, classes, scores):
            text = '{}: {:.2f}'.format(_cls, score)
            x1, y1, x2, y2 = box
            w, h = x2 - x1, y2 - y1
            patch = plt.Rectangle(
                [x1, y1], w, h, fill=False, edgecolor=color, linewidth=linewidth
            )
            ax.add_patch(patch)
            ax.text(
                x1,
                y1,
                text,
                bbox={'facecolor': color, 'alpha': 0.4},
                clip_box=ax.clipbox,
                clip_on=True,
            )
        plt.show()
        return ax


class AnchorBox:
    def __init__(self):
        self.aspect_ratios = [0.5, 1.0, 2.0]
        self.scales = [2 ** x for x in [0, 1 / 3, 2 / 3]]

        self._num_anchors = len(self.aspect_ratios) * len(self.scales)
        self._strides = [2 ** i for i in range(3, 8)]
        self._areas = [x ** 2 for x in [32.0, 64.0, 128.0, 256.0, 512.0]]
        self._anchor_dims = self._compute_dims()

    def _compute_dims(self):
        anchor_dims_all = []
        for area in self._areas:
            anchor_dims = []
```

```python
        for ratio in self.aspect_ratios:
            anchor_height = tf.math.sqrt(area / ratio)
            anchor_width = area / anchor_height
            dims = tf.reshape(
                tf.stack([anchor_width, anchor_height], axis=-1), [1,
                                                                    1, 2]
            )
            for scale in self.scales:
                anchor_dims.append(scale * dims)
        anchor_dims_all.append(tf.stack(anchor_dims, axis=-2))
    return anchor_dims_all

def _get_anchors(self, feature_height, feature_width, level):
    rx = tf.range(feature_width, dtype=tf.float32) + 0.5
    ry = tf.range(feature_height, dtype=tf.float32) + 0.5
    centers = tf.stack(tf.meshgrid(rx, ry), axis=-1) * self._strides
                                                              [level - 3]
    centers = tf.expand_dims(centers, axis=-2)
    centers = tf.tile(centers, [1, 1, self._num_anchors, 1])
    dims = tf.tile(
        self._anchor_dims[level - 3], [feature_height, feature_width,
                                                                    1, 1]
    )
    anchors = tf.concat([centers, dims], axis=-1)
    return tf.reshape(
        anchors, [feature_height * feature_width * self._num_anchors, 4]
    )

def get_anchors(self, image_height, image_width):
    anchors = [
        self._get_anchors(
            tf.math.ceil(image_height / 2 ** i),
            tf.math.ceil(image_width / 2 ** i),
            i,
        )
        for i in range(3, 8)
    ]
```

```
            return tf.concat(anchors, axis=0)

def random_flip_horizontal(image, boxes):
    """函数功能:以 50%的概率水平翻转图像和目标框。
    输入参数如下。
        image:图像。
        boxes:目标框。
    返回值说明如下。
        随机翻转后的图像和目标框。
    """
    if tf.random.uniform(()) > 0.5:
        image = tf.image.flip_left_right(image)
        boxes = tf.stack(
            [1 - boxes[:, 2], boxes[:, 1], 1 - boxes[:, 0], boxes[:, 3]],
            axis=-1
        )
    return image, boxes

def resize_and_pad_image(
    image, min_side=800.0, max_side=1333.0, jitter=[640, 1024], stride=128.0):
    """
    函数功能如下。
    1. 调整图像大小,使图像的短边长度等于 min_side。
    2. 如果图像的长边长度大于 max_side,就调整图像的长边长度等于 max_side。
    3. 如果图像的形状不能被步长 stride 整除,则补 0。
    输入参数如下。
        image:图像。
        min_side:如果 jitter 被设为空,则将图像的短边长度设为这个值。
        max_side:如果调整大小后图像的长边长度超过此值,则调整图像的大小,使长边长度等于此值。
        jitter:包含缩放抖动的最小和最大值的列表。如果该值不为空,图像较短一边的长度将调整
                                                    为该范围内的随机值。
        stride:在特征金字塔上的最小特征映射的步长。
    返回值如下。
        image:调整大小后的图像。
        image_shape:在补 0 以前的图像大小。
        ratio:用于调整图像大小的比例因子。
    """
```

第 ❹ 章　基于 RetinaNet 的目标检测

```
    image_shape = tf.cast(tf.shape(image)[:2], dtype=tf.float32)
    if jitter is not None:
        min_side = tf.random.uniform((), jitter[0], jitter[1],
                                     dtype=tf.float32)
    ratio = min_side / tf.reduce_min(image_shape)
    if ratio * tf.reduce_max(image_shape) > max_side:
        ratio = max_side / tf.reduce_max(image_shape)
    image_shape = ratio * image_shape
    image = tf.image.resize(image, tf.cast(image_shape, dtype=tf.int32))
    padded_image_shape = tf.cast(
        tf.math.ceil(image_shape / stride) * stride, dtype=tf.int32
    )
    image = tf.image.pad_to_bounding_box(
        image, 0, 0, padded_image_shape[0], padded_image_shape[1]
    )
    return image, image_shape, ratio


def preprocess_data(sample):
    """函数功能：对单个样本进行预处理。
    输入参数如下。
        sample：训练样本。
    返回值如下。
        image：处理后的图像。
        bbox：处理后的目标框，形状为(目标框个数,4)，每个目标框的格式为[x, y, width, height]。
        class_id：张量，表示图像中所有目标的种类编号，形状为(目标个数)。
    """
    image = sample['image']
    bbox = swap_xy(sample['objects']['bbox'])
    class_id = tf.cast(sample['objects']['label'], dtype=tf.int32)

    image, bbox = random_flip_horizontal(image, bbox)
    image, image_shape, _ = resize_and_pad_image(image)

    bbox = tf.stack(
        [
            bbox[:, 0] * image_shape[1],
```

165

```
            bbox[:, 1] * image_shape[0],
            bbox[:, 2] * image_shape[1],
            bbox[:, 3] * image_shape[0],
        ],
        axis=-1,
    )
    bbox = convert_to_xywh(bbox)
    return image, bbox, class_id
```

4.2.3 数据集编码

在网络训练过程中，需要将数据集中的图像数据、目标框数据和目标种类数据编码成符合 RetinaNet 输出要求的数据。在编码过程中需要将锚点框分为 3 个种类，分别为正样本、负样本和忽略样本。正样本为与目标交并比大于 50%的样本，负样本为与目标交并比小于 40%的样本，忽略样本为与目标交并比在 40%到 50%的样本。

由数据集数据到网络输出数据的编码过程如图 4-7 所示。其中深色方框为数据集提供的真实目标、虚线框为正样本（与真实目标的交并比大于 50%的样本）、浅色框为忽略样本（与真实目标的交并比在 40%与 50%的样本）、白色框为负样本（与真实目标的交并比在小于 40%的样本）。在编码过程中，使用式（4-1）将每个锚点框编码成一个五维向量。如果是正样本，前四维为锚点框与目标框的修正值$[\Delta x, \Delta y, \Delta w, \Delta h]$，第五维为目标所属的种类（图 4-7 中，狗的种类为 1）；如果是负样本，前四维为 0，第五维为-1；如果是忽略样本，前四维为 0，第五维为-2。

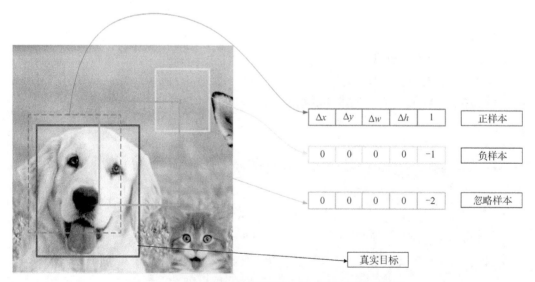

图 4-7　由数据集数据到网络输出格式数据的编码过程

定义 LabelEncoder 类用于实现数据集编码，如代码 4-3 所示。
LabelEncoder 类的作用是将图像数据、目标框数据和种类编号编码成每个锚点的锚点框与目标框的修正值$[\Delta x, \Delta y, \Delta w, \Delta h]$和种类编号。该类主要包括_match_anchor_boxes、_compute_box_target、_encode_sample 和 encode_batch 等自定义函数。

_match_anchor_boxes(self, anchor_boxes, gt_boxes, match_iou, ignore_iou)函数的作用是根据交并比将目标框映射到每个锚点上。_match_anchor_boxes 函数的输入与返回参数说明如表 4-2 所示。

表 4-2　_match_anchor_boxes 函数的输入与返回参数说明

输入/返回	参数名称	说明
输入	anchor_boxes	锚点框
	gt_boxes	目标框
	match_iou	正样本交并比阈值。如果锚点框与目标框的交并比超过该阈值，则判定为正样本
	ignore_iou	忽略样本交并比阈值。如果锚点框与目标框的交并比在 ignore_iou 和 match_iou 之间，则判定为忽略样本；如果锚点框与目标框的交并比小于 ignore_iou 则判定为负样本
返回	matched_gt_idx	锚点所属的目标种类。形状为(锚点个数)
	positive_mask	锚点是否为正样本。形状为(锚点个数)，如果锚点为正样本则为 1，否则为 0
	ignore_mask	锚点是否为忽略样本。形状为(锚点个数)，如果锚点为忽略样本则为 1，否则为 0

_compute_box_target(self, anchor_boxes, matched_gt_boxes)函数的作用是计算锚点框与目标框的修正值$[\Delta x, \Delta y, \Delta w, \Delta h]$。_compute_box_target 函数的输入与返回参数说明如表 4-3 所示。

表 4-3　_compute_box_target 函数的输入与返回参数说明

输入/返回	参数名称	说明
输入	anchor_boxes	锚点框
	matched_gt_boxes	目标框
返回	box_target	锚点框与目标框的修正值$[\Delta x, \Delta y, \Delta w, \Delta h]$

_encode_sample(self, image_shape, gt_boxes, cls_ids)函数调用_match_anchor_boxes 和_compute_box_target 函数将目标框和种类编号转化为每个锚点框与目标框的修正值$[\Delta x, \Delta y, \Delta w, \Delta h]$和种类编号，_encode_sample 函数的输入与返回参数说明如表 4-4 所示。

表 4-4　_encode_sample 函数的输入与返回参数说明

输入/返回	参数名称	说明
输入	image_shape	图像的大小
	gt_boxes	目标框
	cls_ids	种类编号
返回	label	包括锚点框与目标框的修正值$[\Delta x, \Delta y, \Delta w, \Delta h]$和种类编号，形状为(锚点个数,5)

encode_batch(self, batch_images, gt_boxes, cls_ids)函数的作用为按批创建用于训练的图像、目标框的修正值和种类编号，encode_batch 函数的输入与返回参数说明如表 4-5 所示。

表 4-5 encode_batch 函数的输入与返回参数说明

输入/返回	参数名称	说明
输入	batch_images	图像的大小
	gt_boxes	目标框
	cls_ids	种类编号
返回	batch_images	多批图像
	labels	每个锚点框与目标框的修正值[$\Delta x, \Delta y, \Delta w, \Delta h$]和种类编号

代码 4-3 定义数据集编码类 LabelEncoder

```
class LabelEncoder:
    """功能：将数据集原始标签转换为训练所需的数据。
    属性如下。
      anchor_box: 锚点生成器。
      box_variance: 锚点框的放大系数。
    """

    def __init__(self):
        self._anchor_box = AnchorBox()
        self._box_variance = tf.convert_to_tensor(
            [0.1, 0.1, 0.2, 0.2], dtype=tf.float32
        )

    def _match_anchor_boxes(
        self, anchor_boxes, gt_boxes, match_iou=0.5, ignore_iou=0.4
    ):
        """函数功能：根据交并比将目标框映射到每个锚点上。
        1. 通过 compute_iou 函数计算 iou_matrix，形状为(锚点个数,目标框个数)。
        2. 计算 iou_matrix 每行中最大的交并比 max_iou，形状为(锚点个数)。
        3. 计算 iou_matrix 每行中最大的交并比对应的索引 matched_gt_idx, 形状为(锚点个数)。
        4. max_iou 中大于 0.5 的值置 1, 放在 positive_mask 中, 形状为(锚点个数)。
        5. max_iou 中小于 0.4 的值置 1, 放在 negative_mask 中, 形状为(锚点个数)。
```

第 ❹ 章　基于 RetinaNet 的目标检测

6. max_iou 中大于 0.4 且小于 0.5 的值置 1，放在 ignore_mask 中，形状为 (锚点个数)。

函数的输入参数如下。

　　anchor_boxes：锚点框。

　　gt_boxes：目标框。

　　match_iou：正样本交并比阈值，如果锚点框与目标框的交并比超过该阈值，则判定为正样本。

　　ignore_iou：忽略样本交并比阈值，锚点框与目标框的交并比在 ignore_iou 和 match_iou 之间，则判定为忽略样本，如果锚点框与目标框的交并比小于 ignore_iou 则判定为负样本。

函数的返回参数如下。

　　matched_gt_idx：锚点所属的目标种类，形状为 (锚点个数)。

　　positive_mask：锚点是否属于正样本，形状为 (锚点个数)，如果锚点为正样本则为 1，否则为 0。

　　ignore_mask：锚点是否属于忽略样本，形状为 (锚点个数)，如果锚点为忽略样本则为 1，否则为 0。

"""
```
# 构建交并比矩阵
iou_matrix = compute_iou(anchor_boxes, gt_boxes)
max_iou = tf.reduce_max(iou_matrix, axis=1)
matched_gt_idx = tf.argmax(iou_matrix, axis=1)
positive_mask = tf.greater_equal(max_iou, match_iou)
negative_mask = tf.less(max_iou, ignore_iou)
ignore_mask = tf.logical_not(tf.logical_or(positive_mask,
                                           negative_mask))
return (
    matched_gt_idx,
    tf.cast(positive_mask, dtype=tf.float32),
    tf.cast(ignore_mask, dtype=tf.float32),
)

def _compute_box_target(self, anchor_boxes, matched_gt_boxes):
    box_target = tf.concat(
        [
            (matched_gt_boxes[:, :2] - anchor_boxes[:, :2]) / anchor_boxes
                                                             [:, 2:],
            tf.math.log(matched_gt_boxes[:, 2:] / anchor_boxes[:, 2:]),
        ],
```

```python
            axis=-1,
        )
        box_target = box_target / self._box_variance
        return box_target

    def _encode_sample(self, image_shape, gt_boxes, cls_ids):
        anchor_boxes = self._anchor_box.get_anchors(image_shape[1],
                                                    image_shape[2])
        cls_ids = tf.cast(cls_ids, dtype=tf.float32)
        matched_gt_idx, positive_mask, ignore_mask = self._match_anchor_boxes(
            anchor_boxes, gt_boxes
        )
        matched_gt_boxes = tf.gather(gt_boxes, matched_gt_idx)
        box_target = self._compute_box_target(anchor_boxes, matched_gt_boxes)
        matched_gt_cls_ids = tf.gather(cls_ids, matched_gt_idx)
        cls_target = tf.where(
            tf.not_equal(positive_mask, 1.0), -1.0, matched_gt_cls_ids
        )
        cls_target = tf.where(tf.equal(ignore_mask, 1.0), -2.0, cls_target)
        cls_target = tf.expand_dims(cls_target, axis=-1)
        label = tf.concat([box_target, cls_target], axis=-1)
        return label

    def encode_batch(self, batch_images, gt_boxes, cls_ids):
        # 函数功能：按批创建用于训练的图像、目标框的修正值和种类编号。
        images_shape = tf.shape(batch_images)
        batch_size = images_shape[0]

        labels = tf.TensorArray(dtype=tf.float32, size=batch_size,
                                                    dynamic_size=True)
        for i in range(batch_size):
            label = self._encode_sample(images_shape, gt_boxes[i],
                                                    cls_ids[i])
            labels = labels.write(i, label)
        batch_images = tf.keras.applications.resnet.preprocess_input(
                                                    batch_images)
        return batch_images, labels.stack()
```

4.2.4 数据集管道设置

在定义完图像预处理函数与数据集编码类后，还需要设置数据集管道。设置数据集管道后，即可高效地通过管道取出数据，并将其用于网络的训练和测试。

为了保证数据可以高效地输入并用于训练网络，使用 tf.data 这个 API 创建数据集管道。设置数据集管道包括以下 3 个处理步骤。

（1）使用 preprocess_data 函数对输入图像进行预处理。

（2）建立多批样本。

（3）使用 LabelEncoder 类对数据集进行编码。

设置数据集管道如代码 4-4 所示。

代码 4-4 设置数据集管道

```
(train_dataset, val_dataset), dataset_info = tfds.load(
    'coco/2017', split=['train', 'validation'], with_info=True, data_dir='data')
autotune = tf.data.experimental.AUTOTUNE
# 对图像数据进行翻转、调整大小和补 0 等操作
train_dataset = train_dataset.map(preprocess_data, num_parallel_calls=autotune)
# 打乱训练集
train_dataset = train_dataset.shuffle(8 * batch_size)
# 补 0
train_dataset = train_dataset.padded_batch(
    batch_size=batch_size, padding_values=(0.0, 1e-8, -1), drop_remainder=True)
# 训练集编码
train_dataset = train_dataset.map(
    label_encoder.encode_batch, num_parallel_calls=autotune)
train_dataset = train_dataset.apply(tf.data.experimental.ignore_errors())
train_dataset = train_dataset.prefetch(autotune)


val_dataset = val_dataset.map(preprocess_data, num_parallel_calls=autotune)
val_dataset = val_dataset.padded_batch(
    batch_size=1, padding_values=(0.0, 1e-8, -1), drop_remainder=True)
val_dataset = val_dataset.map(label_encoder.encode_batch,
                              num_parallel_calls=autotune)
val_dataset = val_dataset.apply(tf.data.experimental.ignore_errors())
val_dataset = val_dataset.prefetch(autotune)
```

4.3 构建网络

本节主要介绍 RetinaNet 的网络结构、构建过程和实现代码，网络的结构包括主干网

络和分类回归子网络。

4.3.1 RetinaNet 的网络结构

RetinaNet 的网络结构如图 4-8 所示，主要由包含 ResNet、特征金字塔网络（Feature Pyramid Network，FPN）的主干网络与分类回归子网络构成。主干网络负责提取图像的特征，可以构建不同尺度和语义深度的特征金字塔。分类回归子网络由分类子网络和回归子网络构成，其中，分类子网络负责判别目标所属的种类，回归子网络负责确定目标框的准确坐标。

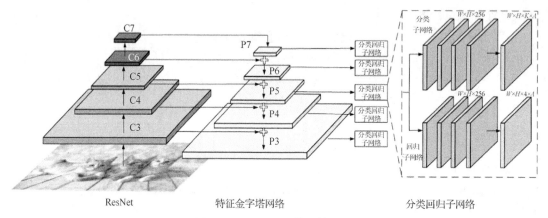

图 4-8 RetinaNet 的网络结构

1. 主干网络

RetinaNet 的主干网络由 ResNet 和特征金字塔网络构成。

ResNet 是一款经典的使用卷积神经网络的特征提取网络，可以有效解决随着网络深度的增加而出现的网络"退化"问题，典型的 ResNet 有 ResNet-50、ResNet-101 和 ResNet-152 等。本章采用的是 ResNet-50，ResNet-50 共有 50 个卷积层，有 5 个不同尺度的输出层，分别是 C1、C2、C3、C4 和 C5 层，上一层输出的边长是下一层输出边长的 2 倍。RetinaNet 使用了 ResNet 的 C3、C4 和 C5 层，而 C6 和 C7 层则采用尺寸为 3×3、步长为 2 的卷积核获得。

特征金字塔网络是在 ResNet 的基础上，通过自顶向下和侧向连接的方式构成的，它可以有效构建 5 个语义信息丰富且多尺度的输出层，即 P3～P7 层。

通过主干网络，可以使单一的输入图像获得不同尺度和不同语义深度的多层特征输出，从而提高目标检测的准确率。

本章在构建主干网络的过程中，对图 4-8 的 P3～P7 层中每层特征的每个坐标点都设置 9 个锚点，锚点拥有不同的尺度 $(1, \sqrt[3]{2}, \sqrt[3]{4})$ 和不同的长宽比 (0.5,1,2)。

在确定锚点后，即可通过分类子网络判断每个锚点是否有目标、目标属于什么类别，进而通过回归子网络对锚点的坐标进行修正，从而得到准确的目标位置。

2. 分类回归子网络

在 RetinaNet 获得 P3～P7 层输出的特征后，将 P3～P7 层的输出作为分类回归子网络的输入，通过分类子网络和回归子网络获得输出。分类子网络和回归子网络的输出如图 4-9 所示，为了展示方便，图 4-9 将 9 个锚点分开。

在特征经过分类子网络处理后，输出 out_c 的维度为 $W \times H \times K \times A$，其中，$W$ 为特征的宽度，H 为特征的高度，K 为目标种类的个数，A 为每个特征点的锚点个数。out_c 中的每个值代表其对应坐标点、尺度、宽高比和锚点属于某种类的概率。假设目标有 3 个种类，分别是"人""狗""猫"，特征的长和宽均为 8，每个特征点有 9 个锚点，故 out_c 的维度为 8×8×9×3。以最下层的右上角特征点为例，属于"人"的概率为 98%，属于"狗"的概率为 1%，属于"猫"概率为 1%，如图 4-9（a）所示。

在特征通过回归子网络处理后，输出 out_r 的维度为 $W \times H \times 4 \times A$。$out_r$ 中的每个值代表其对应坐标点、尺度、宽高比和锚点框相对于目标框的修正值 $[\Delta x, \Delta y, \Delta w, \Delta h]$，如图 4-9（b）所示。

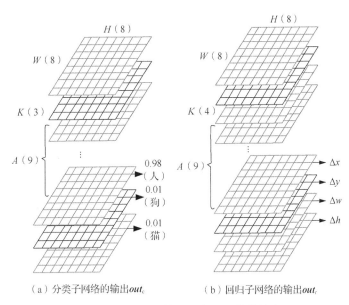

图 4-9 分类子网络和回归子网络的输出

4.3.2 构建 RetinaNet

本小节将介绍 RetinaNet 的构建过程，包括主干网络和分类回归子网络的构建过程。

对于主干网络，首先构建 ResNet-50，获得 C3、C4 和 C5 层的输出；然后将 C3、C4 和 C5 层的输出作为输入，构建特征金字塔网络，获得 P3～P7 层的输出，作为目标特征。

对于分类回归子网络，首先构建分类子网络，对候选目标进行分类；然后构建回归子网络，获取精确的目标状态。

定义用于构建 RetinaNet 的自定义函数和类，如代码 4-5 所示。其中，get_backbone

函数的作用是获得 ResNet-50，输出为 C3、C4 和 C5 层；FeaturePyramid 类的作用是构建特征金字塔网络，输出为 P3~P7 层；build_head 函数的作用是构建分类子网络和回归子网络；RetinaNet 类通过调用 FeaturePyramid 类和 get_backbone、build_head 函数来构建 RetinaNet。

代码 4-5　构建 RetinaNet

```python
import keras
import tensorflow as tf
import numpy as np

def get_backbone():
    backbone = keras.applications.ResNet50(
        include_top=False, weights=None, input_shape=[None, None, 3]
    )
    c3_output, c4_output, c5_output = [
        backbone.get_layer(layer_name).output
        for layer_name in ['conv3_block4_out',
                           'conv4_block6_out', 'conv5_block3_out']]
    return keras.Model(
        inputs=[backbone.inputs], outputs=[c3_output, c4_output, c5_output]
    )


class FeaturePyramid(keras.layers.Layer):
    """功能：构建特征金字塔网络。
    属性如下。
        num_classes: 目标种类的个数。
        backbone: 构建特征金字塔网络所需的前置网络，这里指的是 ResNet-50。
    """

    def __init__(self, backbone=None, **kwargs):
        super(FeaturePyramid, self).__init__(name='FeaturePyramid', **kwargs)
        self.backbone = backbone if backbone else get_backbone()
        self.conv_c3_1x1 = keras.layers.Conv2D(256, 1, 1, 'same')
        self.conv_c4_1x1 = keras.layers.Conv2D(256, 1, 1, 'same')
        self.conv_c5_1x1 = keras.layers.Conv2D(256, 1, 1, 'same')
        self.conv_c3_3x3 = keras.layers.Conv2D(256, 3, 1, 'same')
        self.conv_c4_3x3 = keras.layers.Conv2D(256, 3, 1, 'same')
```

第 4 章　基于 RetinaNet 的目标检测

```python
        self.conv_c5_3x3 = keras.layers.Conv2D(256, 3, 1, 'same')
        self.conv_c6_3x3 = keras.layers.Conv2D(256, 3, 2, 'same')
        self.conv_c7_3x3 = keras.layers.Conv2D(256, 3, 2, 'same')
        self.upsample_2x = keras.layers.UpSampling2D(2)

    def call(self, images, training=False):
        c3_output, c4_output, c5_output = self.backbone(images, training=training)
        p3_output = self.conv_c3_1x1(c3_output)
        p4_output = self.conv_c4_1x1(c4_output)
        p5_output = self.conv_c5_1x1(c5_output)
        p4_output = p4_output + self.upsample_2x(p5_output)
        p3_output = p3_output + self.upsample_2x(p4_output)
        p3_output = self.conv_c3_3x3(p3_output)
        p4_output = self.conv_c4_3x3(p4_output)
        p5_output = self.conv_c5_3x3(p5_output)
        p6_output = self.conv_c6_3x3(c5_output)
        p7_output = self.conv_c7_3x3(tf.nn.relu(p6_output))
        return p3_output, p4_output, p5_output, p6_output, p7_output


def build_head(output_filters, bias_init):
    """构建分类子网络和回归子网络。
    属性如下。
        output_filters: 最后一层的输出数。
        bias_init: 最后一层的 bias_init。
    返回结果说明如下。
        根据不同的 output_filters 输出分类子网络或回归子网络
    """
    head = keras.Sequential([keras.Input(shape=[None, None, 256])])
    kernel_init = tf.initializers.RandomNormal(0.0, 0.01)
    for _ in range(4):
        head.add(
            keras.layers.Conv2D(256, 3, padding='same',
                                kernel_initializer=kernel_init))
        head.add(keras.layers.ReLU())
    head.add(
        keras.layers.Conv2D(
```

```python
            output_filters,
            3,
            1,
            padding='same',
            kernel_initializer=kernel_init,
            bias_initializer=bias_init,
        )
    )
    return head


class RetinaNet(keras.Model):
    """功能：构建 RetinaNet。
    属性如下。
      num_classes：目标种类个数。
      backbone：构建特征金字塔网络的前置 ResNet-50。
    """
    def __init__(self, num_classes, backbone=None, **kwargs):
        super(RetinaNet, self).__init__(name='RetinaNet', **kwargs)
        self.fpn = FeaturePyramid(backbone)
        self.num_classes = num_classes

        prior_probability = tf.constant_initializer(-np.log((1 - 0.01) / 0.01))
        self.cls_head = build_head(9 * num_classes, prior_probability)
        self.box_head = build_head(9 * 4, 'zeros')

    def call(self, image, training=False):
        features = self.fpn(image, training=training)
        N = tf.shape(image)[0]
        cls_outputs = []
        box_outputs = []
        for feature in features:
            box_outputs.append(tf.reshape(self.box_head(feature), [N, -1, 4]))
            cls_outputs.append(
                tf.reshape(self.cls_head(feature), [N, -1, self.
                                                    num_classes])
            )
```

```
            cls_outputs = tf.concat(cls_outputs, axis=1)
            box_outputs = tf.concat(box_outputs, axis=1)
            return tf.concat([box_outputs, cls_outputs], axis=-1)
```

4.4 训练网络

本节介绍网络的训练过程，包括损失函数的原理与代码实现、网络的创建与训练、加载模型测试点等。

4.4.1 定义损失函数

损失函数的设计是深度神经网络训练过程中的关键环节，合理的损失函数可以有效提高网络的性能。在构建 RetinaNet 的过程中，需要设计分类子网络和回归子网络的损失函数。其中，分类子网络损失函数由 RetinaNetClassificationLoss 类定义，回归子网络损失函数由 RetinaNetBoxLoss 类定义。整个网络的损失函数由 RetinaNetLoss 类调用 RetinaNetBoxLoss 和 RetinaNetClassificationLoss 类定义。若锚点为忽略样本，则将分类损失的标签输出设为 0；若锚点为非正样本，则将回归损失的标签输出设为 0。

1. 分类子网络损失函数

RetinaNet 的分类子网络为了解决难易样本和正负样本不平衡等问题，在二分类交叉熵的基础上，设计了一种名为 Local Loss 的损失函数。对于某分类，标签 y 只有两种输出，即 1 或 0，1 表示目标属于该分类，0 表示目标不属于该分类。p 为分类子网络的输出属于该分类的概率，可以构建预测值 p_t，如式（4-2）所示。

$$p_t = \begin{cases} p & y = 1 \\ 1-p & y \neq 1 \end{cases} \tag{4-2}$$

从式（4-2）中可以看出，如果 $y=1$，希望 p 接近 1，那么 p_t 也接近 1；如果 $y=0$，希望 p 接近 0，那么 p_t 也接近 1。

Local Loss 损失函数 FL 如式（4-3）所示。

$$\mathrm{FL}(p_t) = \begin{cases} -\alpha_t(1-p_t)^\gamma \log(p_t) & y = 1 \\ -(1-\alpha_t)(1-p_t)^\gamma \log(p_t) & y \neq 1 \end{cases} \tag{4-3}$$

在式（4-3）中，α_t 作为正负样本的调节系数，可以有效调节过多负样本对损失的影响，解决正负样本不平衡问题。γ 作为聚焦参数可以使损失函数聚焦到难区分的样本上，解决难易样本不平衡问题。

由于训练过程中大多数样本都是易区分样本，而少数样本是难区分样本，会导致难易样本不平衡问题。对于易区分样本，假设预测值为 0.75，不考虑 α_t，根据式（4-3），可以得到 $\mathrm{FL}(0.75) = -(0.25)^\gamma \log(0.75)$。对于难区分样本，假设预测值为 0.45，$\mathrm{FL}(0.45) = -(0.55)^\gamma \log(0.45)$。可以看出，$\gamma$ 可以有效增大难区分样本的损失值，减小易区分样本的损失值,使模型在训练时聚焦在难区分样本的学习上。

对于正负样本不平衡的问题,引入 α_t 进行调节。α_t 为 0~1 之间的值,可以通过调整 α_t 的大小调整正负样本对总体损失值的影响,α_t 越接近 1,正样本对损失值的影响越大。

2. 回归子网络损失函数

回归子网络损失函数 LR 如式(4-4)所示。

$$\mathrm{LR} = \begin{cases} 0.5(y_t - y_p)^2 & (y_t - y_p)^2 < \delta \\ (y_t - y_p)^2 - 0.5 & (y_t - y_p)^2 \geqslant \delta \end{cases} \quad (4\text{-}4)$$

在式(4-4)中,y_t 为由式(4-1)获得的锚点框与目标框的修正值,y_p 为预测值。δ 设为 1,当 $(y_t - y_p)^2$ 的值小于 1 时,LR 的值为 $(y_t - y_p)^2$ 的一半;当 $(y_t - y_p)^2$ 的值大于等于 1 时,LR 的值为 $(y_p - y_t)^2 - 0.5$。因此,回归子网络损失函数增大了误差大的样本对网络收敛的影响。

定义损失函数,如代码 4-6 所示。

代码 4-6　定义损失函数

```
# 定义回归子网络损失函数
import tensorflow as tf
class RetinaNetBoxLoss(tf.losses.Loss):
    # 实现平滑 L1 损失
    def __init__(self, delta):
        super(RetinaNetBoxLoss, self).__init__(
            reduction='none', name='RetinaNetBoxLoss'
        )
        self._delta = delta

    def call(self, y_true, y_pred):
        difference = y_true - y_pred
        absolute_difference = tf.abs(difference)
        squared_difference = difference ** 2
        loss = tf.where(
            tf.less(absolute_difference, self._delta),
            0.5 * squared_difference,
            absolute_difference - 0.5,
        )
        return tf.reduce_sum(loss, axis=-1)

# 定义分类子网络损失函数
```

```python
class RetinaNetClassificationLoss(tf.losses.Loss):
    # 实现 Local Loss
    def __init__(self, alpha, gamma):
        super(RetinaNetClassificationLoss, self).__init__(
            reduction='none', name='RetinaNetClassificationLoss'
        )
        self._alpha = alpha
        self._gamma = gamma

    def call(self, y_true, y_pred):
        cross_entropy = tf.nn.sigmoid_cross_entropy_with_logits(
            labels=y_true, logits=y_pred
        )
        probs = tf.nn.sigmoid(y_pred)
        alpha = tf.where(tf.equal(y_true, 1.0), self._alpha, (1.0 - self._alpha))
        pt = tf.where(tf.equal(y_true, 1.0), probs, 1 - probs)
        loss = alpha * tf.pow(1.0 - pt, self._gamma) * cross_entropy
        return tf.reduce_sum(loss, axis=-1)


class RetinaNetLoss(tf.losses.Loss):
    # 把两种损失函数结合起来
    def __init__(self, num_classes=80, alpha=0.25, gamma=2.0, delta=1.0):
        super(RetinaNetLoss, self).__init__(reduction='auto', name='RetinaNetLoss')
        self._clf_loss = RetinaNetClassificationLoss(alpha, gamma)
        self._box_loss = RetinaNetBoxLoss(delta)
        self._num_classes = num_classes

    def call(self, y_true, y_pred):
        y_pred = tf.cast(y_pred, dtype=tf.float32)
        box_labels = y_true[:, :, :4]
        box_predictions = y_pred[:, :, :4]
        cls_labels = tf.one_hot(
            tf.cast(y_true[:, :, 4], dtype=tf.int32),
            depth=self._num_classes,
            dtype=tf.float32,
```

```
        )
        cls_predictions = y_pred[:, :, 4:]
        positive_mask = tf.cast(tf.greater(y_true[:, :, 4], -1.0), dtype=
                                                            tf.float32)
        ignore_mask = tf.cast(tf.equal(y_true[:, :, 4], -2.0), dtype=
                                                            tf.float32)
        clf_loss = self._clf_loss(cls_labels, cls_predictions)
        box_loss = self._box_loss(box_labels, box_predictions)
        clf_loss = tf.where(tf.equal(ignore_mask, 1.0), 0.0, clf_loss)
        box_loss = tf.where(tf.equal(positive_mask, 1.0), box_loss, 0.0)
        normalizer = tf.reduce_sum(positive_mask, axis=-1)
        clf_loss = tf.math.divide_no_nan(tf.reduce_sum(clf_loss, axis=-1),
                                                            normalizer)
        box_loss = tf.math.divide_no_nan(tf.reduce_sum(box_loss, axis=-1),
                                                            normalizer)
        loss = clf_loss + box_loss
        return loss
```

4.4.2 训练网络

在开始训练网络之前,还需设置网络的训练参数,如代码 4-7 所示,主要需要设置样本种类数、每批训练样本个数、学习率、学习率衰减等参数。

代码 4-7 设置网络的训练参数

```
import tensorflow as tf
model_dir = './tmp/'
label_encoder = LabelEncoder()
# 样本种类数
num_classes = 80
batch_size = 2
# 学习率衰减
learning_rates = [2.5e-06, 0.000625, 0.00125, 0.0025, 0.00025, 2.5e-05]
learning_rate_boundaries = [125, 250, 500, 240000, 360000]
learning_rate_fn = tf.optimizers.schedules.PiecewiseConstantDecay(
    boundaries=learning_rate_boundaries, values=learning_rates)
```

实例化 RetinaNet 类、设置 SGD 优化器并编译网络,如代码 4-8 所示。

代码 4-8 实例化 RetinaNet 类、设置 SGD 优化器并编译网络

```
# 创建 ResNet-50
resnet50_backbone = get_backbone()
```

```
# 损失函数
loss_fn = RetinaNetLoss(num_classes)
# 创建 RetinaNet
model = RetinaNet(num_classes, resnet50_backbone)
# SGD 优化器
optimizer = tf.optimizers.SGD(learning_rate=learning_rate_fn, momentum=0.9)
# 编译网络
model.compile(loss=loss_fn, optimizer=optimizer)
```

采用 model.fit()方法对网络进行训练,设置训练次数为 1,每轮训练使用 100 个训练样本和 50 个测试样本,训练网络如代码 4-9 所示。

代码 4-9　训练网络

```
epochs = 1
model.fit(
    train_dataset.take(100),
    validation_data=val_dataset.take(50),
    epochs=epochs,
    callbacks=callbacks_list,
    verbose=1,
)
```

4.4.3　加载模型测试点

定义模型测试点回调函数,如代码 4-10 所示,作用是设置模型保存的形式、路径和监测的数据等。

代码 4-10　定义模型测试点回调函数

```
import os
callbacks_list = [
    tf.keras.callbacks.ModelCheckpoint(
        filepath=os.path.join(model_dir, 'weights' + '_epoch_{epoch}'),
        monitor='loss',
        save_best_only=False,
        save_weights_only=True,
        verbose=1,
    )
]
```

加载模型,如代码 4-11 所示,可以加载预训练好的模型参数,也可以加载已训练后保存的模型参数,这里使用已训练后保存的模型参数。如果要使用预训练的模型,则需要将参数"model_dir"改为"weights_dir"。

代码 4-11　加载模型

```
weights_dir = './tmp'
latest_checkpoint = tf.train.latest_checkpoint(model_dir)
model.load_weights(latest_checkpoint)
```

4.5 模型预测

在训练好模型后，还需对模型进行测试，观察测试效果。首先需要构建预测模型，然后获取和处理图像数据，最后通过预测模型生成目标检测的结果。

在生成目标检测结果的过程中，除了将图像作为输入，通过训练好的 RetinaNet 获得输出外，还需要将模型的输出解码成检测框和标签数据。

4.5.1　进行解码与非极大值抑制处理

将模型的输出解码成检测框和标签数据的过程如下。

假设检测的目标种类数为 80，那么在分类子网络中，每个锚点的输出为一个八十维的数据，每个数据代表检测的目标属于该种类的概率。在回归子网络中，每个锚点的输出为一个四维数据，代表锚点框与目标框的修正值 $[\Delta x, \Delta y, \Delta w, \Delta h]$。

计算每个锚点框与目标框的修正值，如式（4-5）所示。

$$\begin{cases} x = \Delta x x_a + x_a, \\ y = \Delta y y_a + y_a, \\ w = e^{\Delta w} w_a, \\ h = e^{\Delta h} h_a \end{cases} \quad (4\text{-}5)$$

在式（4-5）中，(x, y) 为修正后锚点框的中点坐标，(x_a, y_a) 为原锚点框的中点坐标，w 和 h 为修正后锚点框的宽和高。

在获得锚点框的分类得分、坐标信息后，模型会设定一个分类阈值，当锚点框的分类得分超过这个阈值时就会判定其中有目标存在。但在实际应用中，同一个目标往往会有多个锚点框的分类得分超过这个阈值，因此有可能会获得多个分类结果。这种情况下算法往往会选择分类得分最高的候选框作为最终结果。当图片出现多个目标的时候，如果单纯选择分类得分最高的锚点框作为结果，其他目标会丢失。

采用非极大值抑制算法对锚点框进行处理，非极大值抑制算法不仅会考虑锚点框的分类得分，还会考虑锚点框之间的交并比，因此能够删除重叠较多的锚点框。非极大值抑制算法的流程如图 4-10 所示。

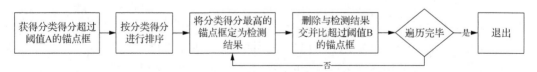

图 4-10　非极大值抑制算法的流程

第 4 章 基于 RetinaNet 的目标检测

定义解码与非极大值抑制类，如代码 4-12 所示。

代码 4-12　定义解码与非极大值抑制类

```python
class DecodePredictions(tf.keras.layers.Layer):
    """
    功能：对 RetinaNet 的输出进行解码。
    属性如下。
        num_classes：数据集里目标种类个数。
        confidence_threshold：图 4-4 中的阈值 A。
        nms_iou_threshold：图 4-4 中的阈值 B。
        max_detections_per_class：每个目标种类最大的锚点框个数。
        max_detections：所有目标种类最大的锚点框个数。
        box_variance：用于缩放锚点框的因子。
    """
    def __init__(self, num_classes=80, confidence_threshold=0.05,
                                        nms_iou_threshold=0.5,
        max_detections_per_class=100, max_detections=100, box_variance=
                                        [0.1, 0.1, 0.2, 0.2],**kwargs):
        super(DecodePredictions, self).__init__(**kwargs)
        self.num_classes = num_classes
        self.confidence_threshold = confidence_threshold
        self.nms_iou_threshold = nms_iou_threshold
        self.max_detections_per_class = max_detections_per_class
        self.max_detections = max_detections
        self._anchor_box = AnchorBox()
        self._box_variance = tf.convert_to_tensor([0.1, 0.1, 0.2, 0.2],
                                        dtype=tf.float32)

    def _decode_box_predictions(self, anchor_boxes, box_predictions):
        boxes = box_predictions * self._box_variance
        boxes = tf.concat(
            [boxes[:, :, :2] * anchor_boxes[:, :, 2:] + anchor_boxes[:, :, :2],
                tf.math.exp(boxes[:, :, 2:]) * anchor_boxes[:, :, 2:],],
            axis=-1,)
        boxes_transformed = convert_to_corners(boxes)
        return boxes_transformed

    def call(self, images, predictions):
```

```python
        image_shape = tf.cast(tf.shape(images), dtype=tf.float32)
        anchor_boxes = self._anchor_box.get_anchors(image_shape[1],
                                                     image_shape[2])
        box_predictions = predictions[:, :, :4]
        cls_predictions = tf.nn.sigmoid(predictions[:, :, 4:])
        boxes = self._decode_box_predictions(anchor_boxes[None, ...],
                                              box_predictions)
        # 使用非极大值抑制算法筛选检测结果
        return tf.image.combined_non_max_suppression(
            tf.expand_dims(boxes, axis=2),
            cls_predictions,
            self.max_detections_per_class,
            self.max_detections,
            self.nms_iou_threshold,
            self.confidence_threshold,
            clip_boxes=False,
        )
```

4.5.2 预测结果

构建预测模型，如代码4-13所示，包括获取图像格式，将图像传入已训练好的RetinaNet以获得输出，对输出进行解码并获得输出框信息。

代码4-13　构建预测模型

```python
# 获取图像格式
image = tf.keras.Input(shape=[None, None, 3], name='image')
# 将图像传入RetinaNet以获得输出
predictions = model(image, training=False)
# 对输出进行解码，获得输出框信息
detections = DecodePredictions(confidence_threshold=0.5)(image, predictions)
# 构建预测模型
inference_model = tf.keras.Model(inputs=image, outputs=detections)
```

生成目标检测结果，如代码4-14所示。首先获取COCO数据集中的测试集，然后获取测试集中的图像数据并对图像数据进行预处理，进而将预处理后的图像数据输入预测模型，最后显示目标检测结果，包括检测框、所属种类的概率和种类名。

代码4-14　生成目标检测结果

```python
def prepare_image(image):
    image, _, ratio = resize_and_pad_image(image, jitter=None)
    image = tf.keras.applications.resnet.preprocess_input(image)
```

第 ❹ 章　基于 RetinaNet 的目标检测

```
    return tf.expand_dims(image, axis=0), ratio


# 获取 COCO 数据集中的测试集
val_dataset = tfds.load('coco/2017', split='validation', data_dir='data')
int2str = dataset_info.features['objects']['label'].int2str


for sample in val_dataset.take(2):
    image = tf.cast(sample['image'], dtype=tf.float32)
# 对图像数据进行预处理
    input_image, ratio = prepare_image(image)
# 输入预测模型
    detections = inference_model.predict(input_image)
    num_detections = detections.valid_detections[0]
    class_names = [int2str(int(x)) for x in detections.nmsed_classes[0]
                                              [:num_detections]]
# 显示检测结果，包括检测框、所属种类的概率和种类名
    visualize_detections(
        image,
        detections.nmsed_boxes[0][:num_detections] / ratio,
        class_names,
        detections.nmsed_scores[0][:num_detections],
    )
```

目标检测的结果如图 4-11 所示。可以看出，模型可以通过方框指出目标所在的位置和大小，并指出目标所属种类和概率。

图 4-11　目标检测的结果

实训　使用 VOC2007 数据集训练和测试 RetinaNet

1. 训练要点
（1）熟悉 RetinaNet 的构建流程。
（2）使用不同的数据集训练和测试目标检测网络。

2. 需求说明
（1）通过 VOC2007 数据集里的训练图片和标记对模型进行训练。
（2）使用 VOC2007 数据集里的测试图片对模型进行测试。

3. 实现思路及步骤
（1）下载 VOC2007 数据集。
（2）分析 VOC2007 数据集结构。
（3）针对 VOC2007 数据集结构特点，改写数据集准备程序。
（4）由于 VOC2007 和 COCO 目标种类数不同，需对 RetinaNet 中的分类子网络进行改写。
（5）分析结果。

小结

本章主要介绍使用 RetinaNet 实现目标检测的流程和方法，包括数据准备、构建网络、训练网络、模型预测等。本章介绍了目标检测算法的相关背景和原理；讲解了对图像数据进行预处理和编码的方法；讲解了 RetinaNet 的基本结构，包括主干网络和分类回归子网络；介绍了损失函数的构建方法；阐述了数据解码和非极大值抑制处理的实现原理，给出了测试结果。

课后习题

修改 RetinaNet，使网络可以检测图片中的汽车。在路口拍摄若干张图片，使用目标检测算法统计路口的车流量。

第 5 章 基于 LSTM 网络的诗歌生成

让机器学习人类创作的文本，并利用已学习的文本生成新的文本即文本生成。由于自然语言处理领域的发展，如今机器已经可以理解文本的上下文并自行编写新的故事。中华优秀传统文化源远流长、博大精深，诗词文化是中华优秀传统文化代表，必须坚持文化自信，增强中华文明传播力、影响力，本章实现基于 LSTM 网络的诗歌生成。

学习目标

（1）了解文本生成的概念。
（2）熟悉文本预处理的方法。
（3）掌握 LSTM 网络的搭建。

5.1 目标分析

目前文本生成的热度不高，主要用于文本的续写，使用领域偏娱乐向。通常在媒体上见到的"机器人写作""人工智能写作""自动对话生成""机器人写诗"等，都属于文本生成的范畴。本节主要介绍文本生成的相关背景、本案例的分析目标等。

5.1.1 背景介绍

古有曹植七步成诗，今有人工智能 7s 成诗。AI 作诗的"引爆点"是 2019 年的 AI 开发者大会，华为公司的刘群老师在大会上演示了 AI 作诗，如图 5-1 所示。

图 5-1 刘群老师演示 AI 作诗

如今机器已经能够自主学习到平仄、押韵等写诗技巧，使得其编写出来的诗在技术层面上突飞猛进。

但是对于写诗 AI 而言，目前输入的文本只包含唐宋诗词。AI 作诗的实际运用有两种。一种是服务于缺乏创作诗歌基本功的人，这类人往往没有学习过平仄、押韵等技巧，如果有作诗 AI 帮忙，则可以弥补平仄、押韵等技巧上的不足。另一种是激发人的联想能力，例如，张三突然有了灵感想要作一首七绝，前三句一气呵成，但是最后一句想不出来，这时 AI 作诗可以帮助他打开思路。

循环神经网络有很多变种，LSTM 网络是众多变种中的一种。经典的循环神经网络 SimpleRNN 结构相对简单。对于某一时刻 t，理论上 SimpleRNN 应该能够学习到 t 时刻之前见过的信息，但实际上 SimpleRNN 并没有学习到 t 时刻之前见过的信息，即无法实现长期依赖。其原因在于梯度消失或梯度爆炸问题，即随着层数的增加，网络最终会因为梯度消失或梯度爆炸而变得无法训练。

本案例将实现基于 LSTM 网络的诗歌生成。LSTM 在许多任务中往往能比经典的 SimpleRNN 表现得更好，这是因为 LSTM 可以学习长期依赖关系。

5.1.2 分析目标

利用 Python 和 poetry.txt 文件，可以实现以下目标。
（1）令训练好的 LSTM 模型根据给定的训练集生成诗句。
（2）令训练好的 LSTM 模型根据操作者输入的字或词生成诗句。

本案例的总体流程如图 5-2 所示，主要包括以下 4 个步骤。
（1）文本预处理。包括标识文本数据中诗句结束点、去除低频词以及构建文本到编码的映射。
（2）构建网络。包括设置配置项参数（网络的文件名、语料文本名字、跨度等）、生成训练数据以及构建 LSTM 网络。
（3）训练网络。包括查看 LSTM 网络的学习情况、根据输入文字生成诗句以及训练网络。
（4）结果分析。对训练结果进行分析，并观察网络根据输入文字生成的诗句。

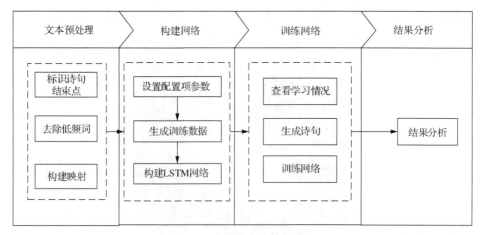

图 5-2　诗歌生成的总体流程

第 5 章 基于 LSTM 网络的诗歌生成

5.1.3 项目工程结构

本案例项目可在 Keras2.4.3、CUDA 10.2、cuDNN 7.6.5 和 TensorFlow GPU 2.3.0 环境下运行，其中 TensorFlow 亦可以是 CPU 版本。

本案例用的数据是经典的诗句数据集 poetry.txt，整个 .txt 文档有 43031 行。项目目录包含 3 个文件夹，分别是 code、data 和 tmp，如图 5-3 所示。所有原始数据都存放于 data 文件夹，如图 5-4 所示。

图 5-3　项目目录　　　　　　　图 5-4　存放于 data 文件夹的原始数据

所有的代码文件存放于 code 文件夹，如图 5-5 所示。输出文件存放于 tmp 文件夹，如图 5-6 所示。

 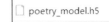

图 5-5　存放于 code 文件夹的代码文件　　图 5-6　存放于 tmp 文件夹的输出文件

5.2 文本预处理

机器不能理解每个汉字的意思，需要将文本转换为机器能理解的形式。本案例采用独热编码，将所有文本组成一个字典，每个字都能用字典里的一个序号表示。例如，"我爱吃香蕉" 5 个字，字典形式是['我','爱','吃','香','蕉']，"我" 就能用[1,0,0,0,0]表示，"香蕉" 用这种形式表示时是一个维度为(2,5)的向量。同理，处理当前的诗句文件即将所有的字组成一个字典，诗句中的每个字都能用向量来表示。

在构建 LSTM 网络之前，需要标识诗句的结束点、去除数据集中的低频词和构建文本到编码的映射。

5.2.1 标识诗句结束点

在行的末尾加上 "]" 符号，表示这首诗已经结束。给定前 6 个字，生成第 7 个字。在后面生成训练数据的时候，会以 6 为跨度、1 为步长截取文字，生成语料文本。例如，"我想要吃香蕉"，以 3 为跨度生成的训练数据是 "我想要" "吃香蕉"。在跨度为 6 的句子中，前后每个字都是有关联的，如果出现了 "]" 符号，说明 "]" 符号之前的语句和之后的语句是没有关联的，分别属于两首不同的诗。此部分的实现如代码 5-1 所示。

代码 5-1 标识诗句结束点

```
puncs = [']', '[', '(', ')', '{', '}', ':', '《', '》']

def preprocess_file(Config):
    # 语料文本内容
    files_content = ''
    with open(Config.poetry_file, 'r', encoding='utf-8') as f:
        for line in f:
            # 在行的末尾加上"]"符号,代表一首诗已结束
            for char in puncs:
                line = line.replace(char, "")
            files_content += line.strip() + "]"
```

5.2.2 去除低频词

在原始数据集中出现次数过低的词将被视为异常值并删除,判断标准是该词的出现次数小于等于 2。需要注意,代码 5-2 包含在代码 5-1 的 preprocess_file 函数中。

代码 5-2 去除低频词

```
# 去除低频词
    words = sorted(list(files_content))
    words.remove(']')
    counted_words = {}
    for word in words:
        if word in counted_words:
            counted_words[word] += 1
        else:
            counted_words[word] = 1
    erase = []
    for key in counted_words:
        if counted_words[key] <= 2:
            erase.append(key)
    for key in erase:
        del counted_words[key]
    del counted_words[']']
    wordPairs = sorted(counted_words.items(), key=lambda x: -x[1])

    words, _ = zip(*wordPairs)
```

5.2.3 构建映射

构建文本到编码的映射，使得构建的网络能利用映射关系调用数据，如代码 5-3 所示。此部分同样包含在 preprocess_file 函数中。

代码 5-3　构建映射

```
# 从文本到编码的映射
    word2num = dict((c, i + 1) for i, c in enumerate(words))
    num2word = dict((i, c) for i, c in enumerate(words))
    word2numF = lambda x: word2num.get(x, 0)
    return word2numF, num2word, words, files_content
```

5.3　构建网络

本案例的网络结构包含一个输入层、两个 LSTM 层、两个 Dropout 层和一个全连接层，如图 5-7 所示。另外，激活函数采用 Softmax。

设置 Dropout 层是为了防止过拟合，若网络最终的生成结果的效果不佳，可以通过减少 Dropout 层的层数来优化网络。

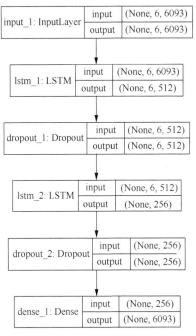

图 5-7　网络结构

5.3.1　设置配置项参数

在生成训练数据之前需要先设置配置项参数，包含网络的文件名、语料文本名字以及跨度等，如代码 5-4 所示。

代码 5-4　设置配置项参数

```
class Config(object):
    poetry_file = 'poetry.txt'
    weight_file = 'poetry_model.h5'
    # 根据前 6 个字预测第 7 个字
    max_len = 6
    batch_size = 512
    learning_rate = 0.001
```

5.3.2　生成训练数据

生成训练数据，x 表示输入，y 表示输出。输入为前 6 个字，输出为第 7 个字。例如，"我想要吃香蕉啊"，输入为"我想要吃香蕉"，输出为"啊"。之后将文字转换成向量的形式，如代码 5-5 所示。需要注意的是，此处的生成器是一个包含 while True 的无限循环。当输入字段长度大于语料文本字段的长度时，为了避免程序陷入死循环，因此本案例在训练网络时会限制网络学习的循环次数。

代码 5-5　生成训练数据

```
import random
import os
import keras
import numpy as np
from keras.callbacks import LambdaCallback
from keras.models import Input, Model, load_model
from keras.layers import LSTM, Dropout, Dense, Flatten, Bidirectional, Embedding, GRU
from keras.optimizers import Adam
import tensorflow as tf

class PoetryModel(object):
    def __init__(self, config):
        self.model = None
        self.do_train = True
        self.loaded_model = False
        self.config = config

        # 文件预处理
        self.word2numF, self.num2word, \
        self.words, self.files_content = preprocess_file(self.config)
```

第❺章 基于 LSTM 网络的诗歌生成

```python
    # 如果网络文件存在则直接加载网络，否则开始训练
    if os.path.exists(self.config.weight_file):
        self.model = load_model(self.config.weight_file)
        self.model.summary()
    else:
        self.train()
    self.do_train = False
    self.loaded_model = True

def data_generator(self):
    # 生成器生成数据
    i = 0
    while True:
        x = self.files_content[i: i + self.config.max_len]
        y = self.files_content[i + self.config.max_len]

        puncs = [']', '[', '(', ')', '{', '}', ': ', '《', '》', ':']
        if len([i for i in puncs if i in x]) != 0:
            i += 1
            continue
        if len([i for i in puncs if i in y]) != 0:
            i += 1
            continue

        y_vec = np.zeros(
            shape=(1, len(self.words)),
            dtype=np.bool)
        y_vec[0, self.word2numF(y)] = 1.0

        x_vec = np.zeros(
            shape=(1, self.config.max_len),
            dtype=np.int32)

        for t, char in enumerate(x):
            x_vec[0, t] = self.word2numF(char)
        yield x_vec, y_vec
        i += 1
```

5.3.3 构建 LSTM 网络

Keras 框架对各种网络层都做了封装,仅需设置参数即可调用运行。构建 LSTM 网络如代码 5-6 所示。需要注意的是,build_model 函数包含在 PoetryModel 类中。

代码 5-6 构建 LSTM 网络

```python
def build_model(self):
    # 建立模型
    # 输入的维度
    input_tensor = Input(shape=(self.config.max_len,))
    embedd = Embedding(len(self.num2word) + 2, 300,
                       input_length=self.config.max_len)(input_tensor)
    lstm = LSTM(512, return_sequences=True)(embedd)
    # dropout = Dropout(0.6)(lstm)
    # lstm = LSTM(256)(dropout)
    # dropout = Dropout(0.6)(lstm)
    flatten = Flatten()(lstm)
    dense = Dense(len(self.words), activation='softmax')(flatten)
    self.model = Model(inputs=input_tensor, outputs=dense)
    optimizer = Adam(lr=self.config.learning_rate)
    self.model.compile(loss='categorical_crossentropy',
                       optimizer=optimizer, metrics=['accuracy'])
```

5.4 训练网络

首先需要定义一个函数,令网络在训练过程中可以输出每次迭代学习的结果,方便观察网络学习的进程。然后需要定义另一个函数,用于让网络根据操作者输入的文字生成诗句。

5.4.1 查看学习情况

定义一个函数,输出网络训练过程中每次迭代学习的结果,如代码 5-7 所示。需要注意的是,sample 函数以及 generate_sample_result 函数均包含在 PoetryModel 类中。

代码 5-7 查看学习情况

```python
def sample(self, preds, temperature=1.0):
    # 当 temperature=1.0 时,输出正常
    # 当 temperature=0.5 时,输出比较开放
    # 当 temperature=1.5 时,输出比较保守
    # 在训练的过程中可以看到,temperature 不同,输出也不同
    preds = np.asarray(preds).astype('float64')
    preds = np.log(preds) / temperature
```

```
            exp_preds = np.exp(preds)
            preds = exp_preds / np.sum(exp_preds)
            probas = np.random.multinomial(1, preds, 1)
            return np.argmax(probas)


def generate_sample_result(self, epoch, logs):
    # 训练过程中,每次迭代都输出当前的学习情况
    print('\n==================Epoch {}====================='.format(epoch))
    for diversity in [0.5, 1.0, 1.5]:
        print('------------Diversity {}--------------'.format(diversity))
        start_index = random.randint(
                 0, len(self.files_content) - self.config.max_len - 1)
        generated = ''
        sentence = self.files_content[start_index: start_index +
                                                    self.config.max_len]
        generated += sentence
        for i in range(20):
            x_pred = np.zeros((1, self.config.max_len))
            for t, char in enumerate(sentence[-6:]):
                x_pred[0, t] = self.word2numF(char)

            preds = self.model.predict(x_pred, verbose=0)[0]
            next_index = self.sample(preds, diversity)
            next_char = self.num2word[next_index]

            generated += next_char
            sentence = sentence + next_char
        print(sentence)
```

5.4.2 生成诗句

在训练结束后,网络会根据输入的文字生成诗句,如果输入的文字的数量小于 4,将用随机文字补全,例如,输入"好耶",则可能会随机补全成"好耶哈哈",如代码 5-8 所示。需要注意的是,predict 函数包含在 PoetryModel 类中。

代码 5-8　生成诗句

```
def predict(self, text):
    # 根据给出的文字,生成诗句
```

```
        if not self.loaded_model:
            return
        with open(self.config.poetry_file, 'r', encoding='utf-8') as f:
            file_list = f.readlines()
    random_line = random.choice(file_list)
    # 如果给出的文字不够 4 个字,则随机补全
    if not text or len(text) != 4:
    for _ in range(4 - len(text)):
            random_str_index = random.randrange(0, len(self.words))
            text += self.num2word.get(random_str_index) \
            if self.num2word.get(random_str_index) \
            not in [',', '。', ',' ] else self.num2word.get(
                    random_str_index + 1)
seed = random_line[-(self.config.max_len):-1]
res = ''
seed = 'c' + seed
for c in text:
        seed = seed[1:] + c
        for j in range(5):
             x_pred = np.zeros((1, self.config.max_len))
            for t, char in enumerate(seed):
                 x_pred[0, t] = self.word2numF(char)
            preds = self.model.predict(x_pred, verbose=0)[0]
            next_index = self.sample(preds, 1.0)
            next_char = self.num2word[next_index]
            seed = seed[1:] + next_char
        res += seed
return res
```

5.4.3 训练网络

self.model.fit_generator()方法中的 steps_per_epoch 参数的值表示在一次迭代中调用多少次生成器生成数据;number_of_epoch 的值表示有多少次迭代,如代码 5-9 所示。需要注意的是,train 函数包含在 PoetryModel 类中。

代码 5-9　训练网络

```
def train(self):
    # 训练网络
    number_of_epoch = 100
```

第 5 章 基于 LSTM 网络的诗歌生成

```
        if not self.model:
            self.build_model()
    self.model.summary()
    self.model.fit_generator(
        generator=self.data_generator(),
        verbose=True,
        steps_per_epoch=self.config.batch_size,
        epochs=number_of_epoch,
        callbacks=[
            keras.callbacks.ModelCheckpoint(self.config.weight_file,
                                            save_weights_only=False),
            LambdaCallback(on_epoch_end=self.generate_sample_result)
        ]
    )
```

设置完 train 函数之后，运行主函数即可，如代码 5-10 所示。

代码 5-10　主函数

```
if __name__ == '__main__':
    model = PoetryModel(Config)
    while 1:
        text = input('text:')
        sentence = model.predict(text)
        print(sentence)
```

5.5 结果分析

观察每次迭代的输出结果并分析网络的学习情况。由于模型训练具有随机性，所以每次的输出结果不会完全一致。

当 epoch=0 时，网络的训练结果基本是噪声，此时网络还不懂如何使用标点符号，如图 5-8 所示。

```
==================Epoch 0==================
------------Diversity 0.5------------
，鸳衾不识寒不总诎刚擎褐便睎冤沌洲圠忆懿馀隔。叶坠菊
------------Diversity 1.0------------
皇挥涕处。东裩讫依溪不锄法租辟汶情为鸣戛笳逼腽纲椹秩
------------Diversity 1.5------------
水扉偏。久是萃闭暑鞬抬蓝祐获县霰府靖靓拜判鹉疹纤把为
```

图 5-8　epoch=0 时输出的诗句

当 epoch=10 时，网络已能根据一定逻辑使用标点符号，如图 5-9 所示。

197

Keras 与深度学习实战

```
==================Epoch 10==================
--------------Diversity 0.5--------------
半道雪屯蒙，分死岛越向不不不从不鸡不不不不。征云
--------------Diversity 1.0--------------
朵重，风飘绿律不不鹊精不器擒向蠟随缭运天寰纵不唯儿边
--------------Diversity 1.5--------------
纵情犹未已，粗辍涵正朱不耆诗折柠好东荧汉轮旧巫褪至惆
```

图 5-9 epoch=10 时输出的诗句

当 epoch=30 时，网络输出的诗句的标点符号明显增多，如图 5-10 所示。

```
==================Epoch 30==================
--------------Diversity 0.5--------------
，服来唯怕五不。鸟日中明。出来来。开。习移悠。异悠家
--------------Diversity 1.0--------------
谢守但临窗。霍瑟访再神。迟分梅痛玉。风资妇习雉峡右不
--------------Diversity 1.5--------------
。水云晴亦雨。娥庵真武光暮。阏肯无痛暮公碗出妙男诏床
```

图 5-10 epoch=30 时输出的诗句

当 epoch=60 时，网络使用标点符号的方式更具逻辑性，并且出现了 4 个字为一组的四言句——"不重夜喜。何火不溪。何何何何。何何火不。"，可惜的是这 4 句都是以句号结尾的，如图 5-11 所示。

```
==================Epoch 60==================
--------------Diversity 0.5--------------
浩浩满松枝。不重夜喜。何火不溪。何何何何。何何火不。
--------------Diversity 1.0--------------
和谅在兹，万野巢托不不翻不坐业久不母屈顾不朱念不。大
--------------Diversity 1.5--------------
傍早霞散。初侧夜图。均袖日悴义。舟应独骋兽。愚笙。弃
```

图 5-11 epoch=60 时输出的诗句

当 epoch=90 时，网络已经能生成带有一定意境的语句，"月森流台知。影船流花照。"，如图 5-12 所示。尽管网络使用标点符号的能力较差，但是可以看出网络依旧有所提升。本案例网络仅仅训练了 100 次迭代，可以通过增加迭代次数来提升训练效果。

```
==================Epoch 90==================
--------------Diversity 0.5--------------
天无老眼，空花口欲水不。月森流台知。影船流花照。候有
--------------Diversity 1.0--------------
松下看云读道不。且入流贵殷其兮林利绿不飞不近颜不云日
--------------Diversity 1.5--------------
南飞觉有安巢如悴人处深琴饮娟走傅双荒不不琼日方台人居
```

图 5-12 epoch=90 时输出的诗句

最后，输入四个字生成诗句，分别输入"二夕红流""赛博朋克""狂暴飞车"，观察生成的结果，如图 5-13、图 5-14 和图 5-15 所示。

```
text:二夕红流
二花望知中夕天。云待三九一。红罢行相流道不绿只水
```

图 5-13 二夕红流

```
text:赛博朋克
赛胡天偏寒。博上酒桥。然朋路节采晚下克水新一。地
```

图 5-14 赛博朋克

第 5 章 基于 LSTM 网络的诗歌生成

```
text:狂暴飞车
狂东来小百曾暴月暮但多。飞香出苍雨。车浮赤经石。
```

图 5-15 狂暴飞车

经过 100 次迭代之后，网络对于标点符号的放置依旧缺乏逻辑性。如果无视标点符号放置的逻辑性，可以看到一些读起来不错的诗句，例如"飞香出苍雨，车浮赤经石。"相信随着迭代次数的增加，网络生成的诗句能有更好的效果。

实训 基于 LSTM 网络的文本生成

1. 训练要点

（1）掌握文本预处理的方法。
（2）熟悉 LSTM 网络的搭建。

2. 需求说明

将《爱丽丝梦游仙境》的英文文本作为原始数据集，用 LSTM 网络实现文本生成。

3. 实现思路及步骤

（1）加载数据。
（2）生成从字符映射到编号的字典。
（3）构建 LSTM 网络。
（4）存储网络。
（5）生成文本。

小结

本章主要实现了基于 LSTM 网络的诗歌生成。首先进行文本预处理。然后设置配置项参数、生成训练数据、构建网络。接着训练网络，其中需要输出学习情况，以及设置一个函数，用于根据网络训练结束后输入的文字生成诗句。最后分析结果。

课后习题

在本案例给出的网络基础上，增加一个 LSTM 层和两个 Dropout 层，如代码 5-11 所示。

代码 5-11 需要增加的网络层

```
dropout = Dropout(0.6)(lstm)
lstm = LSTM(256)(dropout)
dropout = Dropout(0.6)(lstm)
```

第 6 章 基于 CycleGAN 的图像风格转换

深度学习网络在学习了两组不同风格的图像的特征之后,可以将图像组 A 的特征附着到图像组 B 的图像上,或是将图像组 B 的特征附着到图像组 A 的图像上。本案例使用常规马与斑马图像数据集,构建 CycleGAN 进行图像风格转换,可以将常规马图像转换成斑马图像,也可以将斑马图像转换成常规马图像。

学习目标

(1)了解图像风格转换的背景。
(2)熟悉 CycleGAN 的网络结构与搭建步骤。
(3)掌握 CycleGAN 的构建方法和训练方法。

6.1 目标分析

图像风格转换最初被创造出来的目的是,在不改变原始图像的大体框架的前提下,创造出不同风格的图像。随着图像风格转换技术的不断发展,应用也越来越多,可以用于去除脸部遮蔽物或者用于图像还原等。本节主要介绍图像风格转换的相关背景、本案例的分析目标等。

6.1.1 背景介绍

图像风格转换是一类视觉和图形问题,是一种新兴起的、基于深度学习的技术,其目标是获得输入图像和输出图像的映射。

图像风格转换在生活中的运用有很多。例如,短视频软件的特殊滤镜功能,可以将影像中的目标设置为卡通、油画、英式复古等风格;直播平台的美颜等直播工具也采用了图像风格转换技术。

本案例将基于 CycleGAN 进行图像风格转换,样本数据无须配对即可实现转换,如将油画图像转换为照片图像、将斑马图像转换成常规马图像、将冬季图像转换成夏季图像等,如图 6-1 所示。

第 6 章　基于 CycleGAN 的图像风格转换

图 6-1　图像风格转换的效果

本案例将实现常规马图像与斑马图像的相互转换。

6.1.2　分析目标

利用 CycleGAN、常规马与斑马图像数据集，可以实现以下目标。

（1）网络能够将常规马图像转换成斑马图像。

（2）网络能够将斑马图像转换成常规马图像。

本案例的总体流程如图 6-2 所示，主要包括以下 4 个步骤。

（1）数据读取。包括读取加载常规马与斑马图像数据集。

（2）构建网络。包括定义恒等映射网络、残差网络、生成器和判别器。

（3）训练网络。包括定义训练过程函数、生成图像函数，以及运行主函数训练网络。

（4）结果分析。对模型的输出结果进行分析。

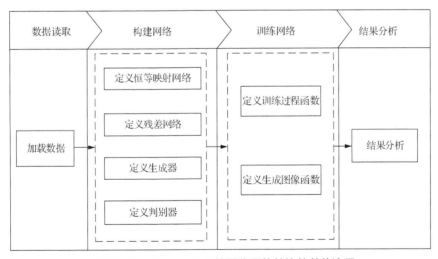

图 6-2　基于 CycleGAN 的图像风格转换的总体流程

6.1.3　项目工程结构

本案例项目可在 Keras 2.4.3 和 TensorFlow GPU 2.3.0 环境下运行，其中 TensorFlow 也可以是 CPU 版本，除此之外还要安装 keras_contrib 包。

keras_contrib 包在 Windows 下的安装流程如下。

（1）在 GitHub 上下载 keras_contrib 包，下载完后解压文件。

（2）解压完成后打开 keras_contrib 包对应的文件夹，在文件夹窗口的地址栏中输入 cmd 打开命令提示符窗口，在命令提示符窗口中输入 "python setup.py install" 命令进行安装。

（3）将 keras_contrib 和 keras_contrib.egg-info 这两个文件夹移动到 Anaconda 的环境中，具体要放到 Lib 下的 site-packages 中，默认路径为 "C:\Users\用户名\anaconda3\Lib\site-packages"。

本案例的目录包含 3 个文件夹，分别是 code、data 和 tmp，如图 6-3 所示。

图 6-3　本案例的目录

所有原始图像数据存放在 data 文件夹中，data 文件夹内包含 4 个子文件夹，分别是 testA、testB、trainA、trainB，如图 6-4 所示。

所有代码文件放在 code 文件夹中，如图 6-5 所示。

图 6-4　data 文件夹的内容　　　　图 6-5　code 文件夹的内容

代码运行过程中生成的转换图像会放入 tmp 文件夹中，如图 6-6 所示。

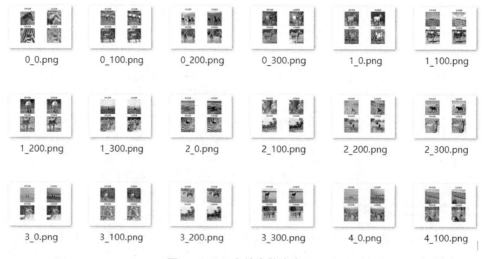

图 6-6　tmp 文件夹的内容

第 ❻ 章　基于 CycleGAN 的图像风格转换

6.2 数据准备

本案例使用的数据是包含斑马与常规马图像的数据集，包含 4 个子数据集 testA、testB、trainA 和 trainB。其中 testA 中包含 120 张常规马图像，testB 中包含 140 张斑马图像，trainA 中包含 400 张常规马图像，trainB 中包含 400 张斑马图像。

trainA 和 trainB 子数据集用于训练网络，testA 和 testB 子数据集用于评估网络的图像风格转换性能。

构建能够将原始图像读取到内存中的函数，如代码 6-1 所示。

代码 6-1　读取数据

```python
import cv2
from glob import glob
import numpy as np

class DataLoader():
    def __init__(self, dataset_name, img_res=(128, 128)):
        self.dataset_name = dataset_name
        self.img_res = img_res

    def load_data(self, domain, batch_size=1, is_testing=False):
        data_type = 'train%s' % domain if not is_testing else 'test%s' % domain
        path = glob('./data/%s/%s/*' % (self.dataset_name, data_type))

        batch_images = np.random.choice(path, size=batch_size)

        imgs = []
        for img_path in batch_images:
            img = self.imread(img_path)
            if not is_testing:
                img = cv2.resize(img, self.img_res)

                if np.random.random() > 0.5:
                    img = np.fliplr(img)
            else:
                img = cv2.resize(img, self.img_res)
            imgs.append(img)
```

```python
        imgs = np.array(imgs) / 127.5 - 1.

        return imgs

    def load_batch(self, batch_size=1, is_testing=False):
        data_type = 'train' if not is_testing else 'val'
        path_A = glob('./data/%s/%sA/*' % (self.dataset_name, data_type))
        path_B = glob('./data/%s/%sB/*' % (self.dataset_name, data_type))

        self.n_batches = int(min(len(path_A), len(path_B)) / batch_size)
        total_samples = self.n_batches * batch_size

        path_A = np.random.choice(path_A, total_samples, replace=False)
        path_B = np.random.choice(path_B, total_samples, replace=False)

        for i in range(self.n_batches-1):
            batch_A = path_A[i * batch_size:(i + 1) * batch_size]
            batch_B = path_B[i * batch_size:(i + 1) * batch_size]
            imgs_A, imgs_B = [], []
            for img_A, img_B in zip(batch_A, batch_B):
                img_A = self.imread(img_A)
                img_B = self.imread(img_B)

                img_A = cv2.resize(img_A, self.img_res)
                img_B = cv2.resize(img_B, self.img_res)

                if not is_testing and np.random.random() > 0.5:
                    img_A = np.fliplr(img_A)
                    img_B = np.fliplr(img_B)

                imgs_A.append(img_A)
                imgs_B.append(img_B)

            imgs_A = np.array(imgs_A, dtype=np.float32) / 127.5 - 1.
            imgs_B = np.array(imgs_B, dtype=np.float32) / 127.5 - 1.

            yield imgs_A, imgs_B
```

第 6 章　基于 CycleGAN 的图像风格转换

```
def load_img(self, path):
    img = self.imread(path)
    img = img = cv2.resize(img, self.img_res)
    img = img / 127.5 - 1.
    return img[np.newaxis, :, :, :]

def imread(self, path):
    img = cv2.imread(path)
    img = cv2.cvtColor(img,cv2.COLOR_BGR2RGB)
    return img
```

6.3　构建网络

CycleGAN 是朱俊彦等人于 2017 年提出的生成对抗网络。该网络的作用是将一类图像的风格转换成另外一类图像的风格。假设有 X 和 Y 两个图像域（比如常规马图像和斑马图像），CycleGAN 能够将图像域 X 的图像（常规马图像）转换为图像域 Y 的图像（斑马图像），或是将图像域 Y 的图像（斑马图像）转换为图像域 X 的图像（常规马图像），如图 6-7 所示。

图 6-7　图像域 X 和 Y 的图像风格相互转换

CycleGAN 的网络结构如图 6-8 所示。

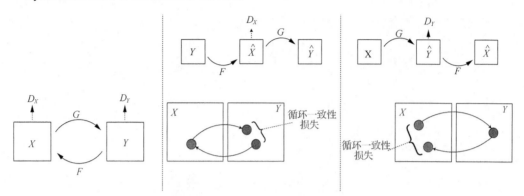

图 6-8　CycleGAN 的网络结构

为了实现两个图像域 X 和 Y 的相互映射，CycleGAN 使用了两个映射网络，即生成器 $G(X \to Y)$ 和 $F(Y \to X)$，和两个对应的判别器 D_X 和 D_Y。D_X 的目标是区分来自图像域 X 的真实图像和图像域 Y 转换的图像，涉及的生成为 $F(Y \to \hat{X})$ 和 $G(\hat{X} \to \hat{Y})$；D_Y 的目标是区分来自图像域 Y 的真实图像和图像域 X 转换的图像，涉及的生成为 $G(X \to \hat{Y})$ 和 $F(\hat{Y} \to \hat{X})$。循环一致性损失可用于防止学习的映射 G 和 F 相互矛盾。

6.3.1　定义恒等映射网络函数

在不断增加神经网络的深度时，会出现饱和问题，即准确率会先上升然后达到饱和，再继续增加深度则会导致准确率下降。这并不是过拟合的问题，因为随着误差在测试集上增大，在训练集上的误差也会增大。假设有一个比较浅的网络达到了饱和的准确率，那么加上恒等映射网络函数可以让误差不再增加，即增加网络的深度不会再导致训练集上的误差增大。定义恒等映射网络函数，如代码 6-2 所示。

代码 6-2　定义恒等映射网络函数

```
import keras
from keras.models import *
from keras.layers import *
from keras import layers
import keras.backend as K
from keras_contrib.layers.normalization.instancenormalization import
InstanceNormalization


IMAGE_ORDERING = 'channels_last'
def one_side_pad( x ):
    x = ZeroPadding2D((1, 1), data_format = IMAGE_ORDERING)(x)
    if IMAGE_ORDERING == 'channels_first':
        x = Lambda(lambda x : x[: , : , :-1, :-1])(x)
```

```
        elif IMAGE_ORDERING == 'channels_last':
            x = Lambda(lambda x : x[: , :-1, :-1, : ])(x)
        return x


def identity_block(input_tensor, kernel_size, filter_num, block):
    conv_name_base = 'res' + block + '_branch'
    in_name_base = 'in' + block + '_branch'
    # 1×1压缩
    x = ZeroPadding2D((1, 1), data_format=IMAGE_ORDERING)(input_tensor)
    x = Conv2D(filter_num, (3, 3), data_format=IMAGE_ORDERING,
               name=conv_name_base + '2a')(x)
    x = InstanceNormalization(axis=3, name=in_name_base + '2a')(x)
    x = Activation('relu')(x)

    x = ZeroPadding2D((1, 1), data_format=IMAGE_ORDERING)(x)
    x = Conv2D(filter_num, (3, 3), data_format=IMAGE_ORDERING,
               name=conv_name_base + '2c')(x)
    x = InstanceNormalization(axis=3, name=in_name_base + '2c')(x)
    # 残差网络
    x = layers.add([x, input_tensor])
    x = Activation('relu')(x)
    return x
```

6.3.2 定义残差网络函数

深度学习网络的深度对模型的分类和识别的效果有着很大的影响，通常网络的深度越深，训练效果就越好。但是有时却不是这样的，网络层数的增加并没有提升网络的训练效果，原因之一是网络越深，梯度消失现象就越明显，网络的训练效果自然就不会提升。但是浅层网络又无法明显提升网络的训练效果，所以需要增加残差网络函数来解决梯度消失以及梯度爆炸的问题。定义残差网络函数，如代码 6-3 所示。

代码 6-3　定义残差网络函数

```
def get_resnet(input_height, input_width, channel):
    img_input = Input(shape=(input_height, input_width, 3))

    x = ZeroPadding2D((3, 3), data_format=IMAGE_ORDERING)(img_input)
    x = Conv2D(64, (7, 7), data_format=IMAGE_ORDERING)(x)
    x = InstanceNormalization(axis=3)(x)
    x = Activation('relu')(x)
```

```python
    x = ZeroPadding2D((1, 1), data_format=IMAGE_ORDERING)(x)
    x = Conv2D(128, (3, 3), data_format=IMAGE_ORDERING, strides=2)(x)
    x = InstanceNormalization(axis=3)(x)
    x = Activation('relu')(x)

    x = ZeroPadding2D((1, 1), data_format=IMAGE_ORDERING)(x)
    x = Conv2D(256, (3, 3), data_format=IMAGE_ORDERING, strides=2)(x)
    x = InstanceNormalization(axis=3)(x)
    x = Activation('relu')(x)

    for i in range(6):
        x = identity_block(x, 3, 256, block=str(i))

    x = (UpSampling2D((2, 2), data_format=IMAGE_ORDERING))(x)
    x = ZeroPadding2D((1, 1), data_format=IMAGE_ORDERING)(x)
    x = Conv2D(128, (3, 3), data_format=IMAGE_ORDERING)(x)
    x = InstanceNormalization(axis=3)(x)
    x = Activation('relu')(x)

    x = (UpSampling2D((2, 2), data_format=IMAGE_ORDERING))(x)
    x = ZeroPadding2D((1, 1), data_format=IMAGE_ORDERING)(x)
    x = Conv2D(64, (3, 3), data_format=IMAGE_ORDERING)(x)
    x = InstanceNormalization(axis=3)(x)
    x = Activation('relu')(x)

    x = ZeroPadding2D((3, 3), data_format=IMAGE_ORDERING)(x)
    x = Conv2D(channel, (7, 7), data_format=IMAGE_ORDERING)(x)
    x = Activation('tanh')(x)
    model = Model(img_input, x)
    return model
```

6.3.3 定义生成器函数

生成器的目标是将输入的图像转化为期望的图像风格的图像。例如，输入斑马的图像，将其转化成常规马的图像。定义生成器函数，如代码 6-4 所示。

代码 6-4 定义生成器函数

```python
from __future__ import print_function, division
```

第 6 章 基于 CycleGAN 的图像风格转换

```python
from keras_contrib.layers.normalization.instancenormalization import InstanceNormalization
from keras.layers.advanced_activations import LeakyReLU
from keras.backend.tensorflow_backend import set_session
from keras.optimizers import Adam
from keras import backend as K
from keras.layers import *
from keras.models import *

import keras
import matplotlib.pyplot as plt
import tensorflow.compat.v1 as tf
tf.disable_v2_behavior()
import numpy as np
import datetime
import sys
import os
os.environ['CUDA_VISIBLE_DEVICES'] = '-1'   # 禁用 GPU，使用 CPU 运行

class CycleGAN():
    def __init__(self):
        # 输入图像的大小为 256×256×3
        self.img_rows = 256
        self.img_cols = 256
        self.channels = 3
        self.img_shape = (self.img_rows, self.img_cols, self.channels)

        # 载入数据
        self.dataset_name = 'horse2zebra'
        self.data_loader = DataLoader(dataset_name=self.dataset_name,
                                      img_res=(self.img_rows, self.img_cols))

        patch = int(self.img_rows / 2**4)
        self.disc_patch = (patch, patch, 1)

        # 损失
        self.lambda_cycle = 5
```

```python
        self.lambda_id = 2.5

        optimizer = Adam(0.0002, 0.5)

        self.d_A = self.build_discriminator()
        self.d_B = self.build_discriminator()

        self.d_A.compile(loss='mse',
            optimizer=optimizer,
            metrics=['accuracy'])
        self.d_B.compile(loss='mse',
            optimizer=optimizer,
            metrics=['accuracy'])

        # 构建生成器
        self.g_AB = self.build_generator()
        self.g_BA = self.build_generator()

        img_A = Input(shape=self.img_shape)
        img_B = Input(shape=self.img_shape)

        # 生成B风格的假图像
        fake_B = self.g_AB(img_A)
        # 生成A风格的假图像
        fake_A = self.g_BA(img_B)

        # 从B风格的假图像再生成A风格的假图像
        reconstr_A = self.g_BA(fake_B)
        # 从A风格的假图像再生成B风格的假图像
        reconstr_B = self.g_AB(fake_A)
        self.g_AB.summary()
        # 通过g_BA传入img_A
        img_A_id = self.g_BA(img_A)
        # 通过g_AB传入img_B
        img_B_id = self.g_AB(img_B)

        # 在这一部分，不训练判别网络
```

```
            self.d_A.trainable = False
            self.d_B.trainable = False

            # 评价是否为真
            valid_A = self.d_A(fake_A)
            valid_B = self.d_B(fake_B)

            # 训练
            self.combined = Model(inputs=[img_A, img_B],
                                  outputs=[ valid_A, valid_B,
                                            reconstr_A, reconstr_B,
                                            img_A_id, img_B_id ])
            self.combined.compile(loss=['mse', 'mse',
                                        'mae', 'mae',
                                        'mae', 'mae'],
                                  loss_weights=[0.5, 0.5,
                                        self.lambda_cycle, self.lambda_cycle,
                                        self.lambda_id, self.lambda_id ],
                                  optimizer=optimizer)


    def build_generator(self):
        model = get_resnet(self.img_rows,self.img_cols,self.channels)
        return model
```

6.3.4 定义判别器函数

判别器的目标是判断输入图像的真伪。在 CycleGAN 中，判别器训练时使用的 loss 函数的作用是求均方差。本案例最后卷积完后的图像形状为(16,16,1)。需要注意的是，定义判别器函数与定义生成器函数的代码都包含在 CycleGAN 类中。定义判别器函数，如代码 6-5 所示。

代码 6-5　定义判别器函数

```
def build_discriminator(self):
        def conv2d(layer_input, filters, f_size=4, normalization=True):
            d = Conv2D(filters, kernel_size=f_size, strides=2,
                       padding='same')(layer_input)
            if normalization:
                d = InstanceNormalization()(d)
            d = LeakyReLU(alpha=0.2)(d)
```

```
            return d

    img = Input(shape=self.img_shape)
    d1 = conv2d(img, 64, normalization=False)
    d2 = conv2d(d1, 128)
    d3 = conv2d(d2, 256)
    d4 = conv2d(d3, 512)
    validity = Conv2D(1, kernel_size=3, strides=1, padding='same')(d4)

    return Model(img, validity)

def scheduler(self, models,epoch):
    # 每隔100次迭代，学习率减小为原来的1/2
    if epoch % 20 == 0 and epoch != 0:
        for model in models:
            lr = K.get_value(model.optimizer.lr)
            K.set_value(model.optimizer.lr, lr * 0.5)
        print('lr changed to {}'.format(lr * 0.5))
```

6.4 训练网络

定义完生成器函数与判别器函数后，需要实例化生成器和判别器并定义 CycleGAN 的训练过程函数，然后定义生成图像函数，使网络每次迭代都输出一次风格转换图像，以便操作者跟进网络的学习进度。

6.4.1 定义训练过程函数

CycleGAN 的训练过程包含 3 个步骤，具体如下。

（1）实例化两个生成器，一个用于将图像风格 A 转换成图像风格 B，一个用于将图像风格 B 转换成图像风格 A。

（2）实例化两个判别器，分别用于判断具有图像风格 A 的图像的真伪和具有图像风格 B 的图像的真伪。

（3）训练判别器所用的损失函数是均方差损失函数，用于判断判别器是否正确进行训练。

定义训练过程函数的代码与定义判别器函数、生成器函数的代码一样，包含在 CycleGAN 类中。

生成器的训练需要满足如下 6 个准则。

（1）转换成图像风格 B 的假图像需要能够成功"欺骗"判别器 B。

（2）转换成图像风格 A 的假图像需要能够成功"欺骗"判别器 A。

第 6 章　基于 CycleGAN 的图像风格转换

（3）转换成图像风格 B 的假图像可以通过生成器 BA 成功转换成图像风格 A 的假图像。

（4）转换成图像风格 A 的假图像可以通过生成器 AB 成功转换成图像 B 的假图像。

（5）真实图像 A 通过生成器 BA，不会发生变化。

（6）真实图像 B 通过生成器 AB，不会发生变化。

在代码 6-4 中的 CycleGAN 类中定义网络训练过程函数，如代码 6-6 所示。

代码 6-6　定义网络训练过程函数

```python
def train(self, init_epoch, epochs, batch_size=1, sample_interval=50):
        start_time = datetime.datetime.now()


        valid = np.ones((batch_size, ) + self.disc_patch)
        fake = np.zeros((batch_size, ) + self.disc_patch)


        for epoch in range(init_epoch, epochs):
            self.scheduler([self.combined, self.d_A, self.d_B], epoch)
            for batch_i, (imgs_A, imgs_B) in enumerate(
                    self.data_loader.load_batch(batch_size)):
                # 训练生成模型
                g_loss = self.combined.train_on_batch([imgs_A, imgs_B],
                                                      [valid, valid,
                                                       imgs_A, imgs_B,
                                                       imgs_A, imgs_B])

                # 训练判别器
                # 生成假常规马图像
                fake_B = self.g_AB.predict(imgs_A)
                # 生成假斑马图像
                fake_A = self.g_BA.predict(imgs_B)
                # 判断图像真假，并以此进行训练
                dA_loss_real = self.d_A.train_on_batch(imgs_A, valid)
                dA_loss_fake = self.d_A.train_on_batch(fake_A, fake)
                dA_loss = 0.5 * np.add(dA_loss_real, dA_loss_fake)
                # 判断图像真假，并以此进行训练
                dB_loss_real = self.d_B.train_on_batch(imgs_B, valid)
                dB_loss_fake = self.d_B.train_on_batch(fake_B, fake)
                dB_loss = 0.5 * np.add(dB_loss_real, dB_loss_fake)
                d_loss = 0.5 * np.add(dA_loss, dB_loss)


                elapsed_time = datetime.datetime.now() - start_time
```

```
                    print ('''[Epoch %d/%d]
                    [Batch %d/%d]
                    [D loss: %f, acc: %3d%%]
                    [G loss: %05f, adv: %05f, recon: %05f, id: %05f]
                    time: %s'''\
                    % (epoch,
                      epochs,
                      batch_i,
                      self.data_loader.n_batches,
                      d_loss[0],
                      100*d_loss[1],
                      g_loss[0],
                      np.mean(g_loss[1:3]),
                      np.mean(g_loss[3:5]),
                      np.mean(g_loss[5:6]),
                      elapsed_time))

                    if batch_i % sample_interval == 0:
                        self.sample_images(epoch, batch_i)
```

6.4.2 定义生成图像函数

为了跟进网络的学习进度，操作者需要观察网络每次迭代学习之后生成的转换图像，在代码 6-4 的 CycleGAN 类中定义生成图像函数，如代码 6-7 所示。

代码 6-7 定义生成图像函数

```
def sample_images(self, epoch, batch_i):
    os.makedirs('tmp/%s' % self.dataset_name, exist_ok=True)
    r, c = 2, 2

    imgs_A = self.data_loader.load_data(domain='A',
                                         batch_size=1, is_testing=True)
    imgs_B = self.data_loader.load_data(domain='B',
                                         batch_size=1, is_testing=True)

    fake_B = self.g_AB.predict(imgs_A)
    fake_A = self.g_BA.predict(imgs_B)

    gen_imgs = np.concatenate([imgs_A, fake_B, imgs_B, fake_A])
```

第 6 章 基于 CycleGAN 的图像风格转换

```
gen_imgs = 0.5 * gen_imgs + 0.5


plt.rcParams['font.sans-serif'] = ['SimHei']
plt.rcParams['axes.unicode_minus'] = False
titles = ['原始图像', '生成图像', 'Reconstructed']
fig, axs = plt.subplots(r, c)
cnt = 0
for i in range(r):
      for j in range(c):
            axs[i, j].imshow(gen_imgs[cnt])
            axs[i, j].set_title(titles[j])
            axs[i, j].axis('off')
            cnt += 1
      fig.savefig('tmp/%s/%d_%d.png' % (self.dataset_name,
                                                epoch, batch_i))
      plt.close()
```

完成网络训练过程的定义之后，运行主函数 main 开始训练网络，如代码 6-8 所示。

代码 6-8　运行主函数 main 开始训练网络

```
if __name__ == '__main__':
    gan = CycleGAN()
    gan.train(init_epoch=0, epochs=200, batch_size=1, sample_interval=100)
```

6.5 结果分析

通过观察每次迭代的输出结果，分析网络的生成图像相比于前面几次迭代发生的变化。由于 epoch 参数在最初被设置为 0，所以训练过程中输出的 epoch 值始终比实际的迭代次数小 1。

网络进行第 1 次迭代，即 epoch=0 时，输出的图像基本是噪声，如图 6-9 所示。

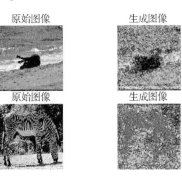

图 6-9　epoch=0 时输出的图像

网络进行第 6 次迭代，即 epoch=5 时，已经能够简单地对斑马的条纹做模糊处理，如图 6-10 所示。

图 6-10　epoch=5 时输出的图像

网络进行第 12 次迭代，即 epoch=11 时，已经可以在常规马"身上"看到一些斑纹，如图 6-11 所示。

图 6-11　epoch=11 时输出的图像

网络进行第 17 次迭代，即 epoch=16 时，能够在常规马"身上"生成更加明显的斑纹特征，如图 6-12 所示。

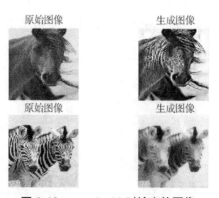

图 6-12　epoch=16 时输出的图像

第 6 章 基于 CycleGAN 的图像风格转换

网络进行第 100 次迭代,即 epoch=99 时,两条路径的风格特征均能较好地迁移,如图 6-13 所示。

图 6-13 epoch=99 时输出的图像

实训 基于 CycleGAN 实现莫奈画作与现实风景图像的风格转换

1. 训练要点

(1)掌握生成对抗网络的基本原理及构建方法。
(2)掌握 CycleGAN 的基本原理与构建方法。

2. 需求说明

用 CycleGAN 对莫奈画作与现实风景图像做风格转换,实现以下目标。
(1)将莫奈画作的风格转换成现实风景图像的风格。
(2)将现实风景图像的风格转换成莫奈画作的风格。

3. 实现思路及步骤

(1)加载数据。
(2)添加恒等映射网络。
(3)构建残差网络。
(4)构建生成器。
(5)构建判别器。
(6)训练网络。
(7)结果分析。

小结

本章主要介绍了实现基于 CycleGAN 的图像风格转换的总体流程。在读取数据之后,

Keras 与深度学习实战

构建了恒等映射网络、残差网络、生成器和判别器。然后训练构建好的网络，观察网络在 100 次迭代中输出的结果，对图像的转换效果进行分析。

课后习题

本案例的项目是在 TensorFlow GPU 版本的环境下运行的，但是代码中禁用了 GPU 而使用了 CPU，CPU 运行的速度相对较慢。

要求让代码在 GPU 环境下运行，并解决显存不够的问题。

方法是限制 GPU 运行个数和指定特定的 GPU 运行代码，如代码 6-9 所示。

代码 6-9　限制 GPU 运行个数和指定特定的 GPU 运行代码

```
config = tf.ConfigProto()
os.environ['CUDA_VISBLE_DEVICES'] = '0'
config.gpu_options.per_process_gpu_memory_fraction = 1
config.gpu_options.allow_growth = True
tf.keras.backend.set_session(tf.Session(config=config))
```

第 7 章 基于 TipDM 大数据挖掘建模平台实现诗歌生成

在第 5 章中介绍了基于 LSTM 网络的诗歌生成，本章将介绍另一种工具——TipDM 大数据挖掘建模平台，通过该平台实现诗歌生成。相较于传统的 Python 解释器，TipDM 大数据挖掘建模平台具有流程化、去编程化等特点，满足不懂编程的用户使用数据分析技术的需求。TipDM 大数据挖掘平台可实现多门简易技术的掌握与技术的创新，深入实施科教兴国战略、人才强国战略、创新驱动发展战略。

学习目标

（1）了解 TipDM 大数据挖掘建模平台的相关概念和特点。
（2）熟悉使用 TipDM 大数据挖掘建模平台配置诗歌生成任务的总体流程。
（3）掌握使用 TipDM 大数据挖掘建模平台获取数据的方法。
（4）掌握使用 TipDM 大数据挖掘建模平台进行文件解压、数据集划分、特征提取、数据标准化等操作。
（5）掌握使用 TipDM 大数据挖掘建模平台训练模型、调用模型进行分类等操作。

7.1 平台简介

TipDM 大数据挖掘建模平台是由广东泰迪智能科技股份有限公司自主研发、面向大数据挖掘项目的工具。平台使用 Java 语言开发，采用 B/S（Browser/Server，浏览器/服务器）结构，用户不需要下载客户端，可通过浏览器进行访问。平台具有支持多种语言、操作简单、无须用户具有编程基础等特点，以流程化的方式将数据输入/输出、统计与分析，数据预处理、挖掘与建模等环节进行连接，从而达成大数据挖掘的目的。平台的界面如图 7-1 所示。

图 7-1 平台的界面

读者可通过访问平台查看具体的界面情况，访问平台的具体步骤如下。

（1）微信搜索公众号"泰迪学社"或"TipDataMining"，关注公众号。

（2）关注公众号后，回复"建模平台"，获取平台访问方式。

本章将以诗歌生成案例为例，介绍使用平台实现案例的流程。在介绍之前，需要引入平台的几个概念。

（1）组件：平台对建模过程涉及的输入与输出、数据探索、数据预处理、建模、模型评估等算法分别进行封装，每一个封装好的模块被称为组件。组件分为系统组件和个人组件。系统组件可供所有用户使用，个人组件由个人用户编辑，仅供个人账号使用。

（2）工程：平台为实现某一数据挖掘目标，对各组件通过流程化的方式进行连接，整个数据挖掘流程称为一个工程。

（3）参数：每个组件都给用户提供了需设置的内容，这部分内容称为参数。

（4）共享库：用户可以将配置好的工程、数据集分别公开到模型库、数据集库中作为模板，分享给其他用户；其他用户可以使用共享库中的模板，创建一个无须配置组件便可运行的工程。

TipDM 大数据挖掘建模平台主要有以下几个特点。

（1）平台组件基于 Python、R 以及 Spark 分布式引擎进行数据分析。Python、R 以及 Spark 是常见的用于数据分析的语言或工具，高度契合行业需求。

（2）用户可在没有 Python、R 或者 Spark 编程基础的情况下，使用直观的拖曳式图形界面构建数据分析流程，无须编程。

（3）提供公开可用的数据分析示例工程，可"一键创建、快速运行"。支持在线预览挖掘流程每个节点的结果。

（4）平台包含 Python、Spark、R 这 3 种工具的组件包，用户可以根据实际需求，灵活选择不同的工具进行数据挖掘建模。

下面将介绍平台"共享库""数据连接""数据集""我的工程"和"个人组件"这 5 个模块。

7.1.1 共享库

登录平台后，用户即可看到"共享库"模块系统提供的示例工程（模板），如图 7-1 所示。

"共享库"模块主要用于标准大数据挖掘建模案例的快速创建和展示。通过"共享库"模块，用户可以创建一个无须导入数据及配置参数就能够快速运行的工程。用户也可以将自己搭建的工程生成为模板，公开到"共享库"模块，供其他用户一键创建。同时，每一个模板的创建者都具有模板的所有权，能够对模板进行管理。

7.1.2 数据连接

"数据连接"模块支持从 DB2、SQL Server、MySQL、Oracle、PostgreSQL 等常用关系数据库导入数据。导入数据时的"新建连接"对话框如图 7-2 所示。

第 ❼ 章 基于 TipDM 大数据挖掘建模平台实现诗歌生成

图 7-2 "新建连接"对话框

在输入了连接名、URL、用户名、密码后单击"测试连接",成功新建数据库连接如图 7-4 所示。

7.1.3 数据集

"数据集"模块主要用于数据挖掘建模工程中数据的导入与管理,支持从本地导入任意类型的数据。导入数据时的"新增数据集"对话框如图 7-3 所示。

图 7-3 "新增数据集"对话框

221

7.1.4 我的工程

"我的工程"模块主要用于数据挖掘建模流程化的创建与管理，工程示例流程如图 7-4 所示。通过单击"工程"栏下的 ⊕（新建工程）按钮，用户可以创建空白工程并通过"组件"栏下的组件进行工程配置，将数据输入与输出、预处理、挖掘建模、模型评估等环节通过流程化的方式进行连接，以达到数据挖掘与分析的目的。对于完成度优秀的工程，可以将其公开到"共享库"中，让其他使用者学习和借鉴。

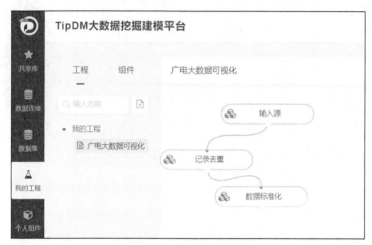

图 7-4　工程示例流程

在"组件"栏下，平台提供了内置组件（其中包含输入/输出组件）、Python 组件、R 语言组件、Spark 组件等系统组件，如图 7-5 所示。

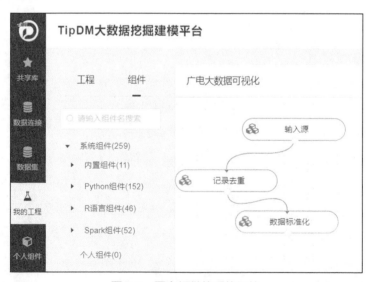

图 7-5　平台提供的系统组件

输入/输出组件提供工程输入与输出组件，包括对象存储输入源、输出源、hive 输入源、输出到数据库、hdfs 输入源、输入源、数据库输入源、http 输入源等。

第 ❼ 章　基于 TipDM 大数据挖掘建模平台实现诗歌生成

Python 组件包含 13 类，具体如下。

（1）"Python 脚本"类提供一个 Python 代码编辑框。用户可以在代码编辑框中粘贴已经写好的程序代码并直接运行，无须额外配置算法。

（2）"预处理"类提供对数据进行预处理的组件，包括数据标准化、缺失值处理、表堆叠、数据筛选、行列转置、修改列名、衍生变量、数据拆分、主键合并、新增序列、数据排序、记录去重和分组聚合等。

（3）"统计分析"类提供对数据整体情况进行统计的常用组件，包括因子分析、全表统计、正态性检验、相关性分析、卡方检验、主成分分析和频数统计等。

（4）"时间序列"类提供常用的时间序列组件，包括 ARIMA 等。

（5）"分类"类提供常用的分类组件，包括朴素贝叶斯、支持向量机、CART 分类树、逻辑回归、神经网络和 K 最近邻等。

（6）"模型评估"类提供用于模型评估的组件，包括模型评估。

（7）"模型预测"类提供用于模型预测的组件，包括模型预测。

（8）"回归"类提供常用的回归组件，包括 CART 回归树、线性回归、支持向量回归和 K 最近邻回归等。

（9）"聚类"类提供常用的聚类组件，包括层次聚类、DBSCAN 密度聚类和 K-Means 等。

（10）"关联规则"类提供常用的关联规则组件，包括 Apriori 和 FP-Growth 等。

（11）"文本分析"类提供对文本数据进行清洗、特征提取与分析的常用组件，包括情感分析、文本过滤、文本分词、TF-IDF、Word2Vec 等。

（12）"深度学习"类提供常用的深度学习组件，包括循环神经网络、卷积神经网络等。

（13）"绘图"类提供常用的画图组件，包括柱形图、折线图、散点图、饼图和词云图等。

R 语言组件包含 8 类，具体如下。

（1）"R 语言脚本"类提供一个 R 语言代码编辑框。用户可以在代码编辑框中粘贴已经写好的程序代码并直接运行，无须额外配置算法。

（2）"预处理"类提供对数据进行预处理的组件，包括缺失值处理、异常值处理、表连接、表合并、数据标准化、记录去重、数据离散化、排序、数据拆分、频数统计、新增序列、字符串拆分、字符串拼接、修改列名等。

（3）"统计分析"类提供对数据整体情况进行统计的常用组件，包括卡方检验、因子分析、主成分分析、相关性分析、正态性检验和全表统计等。

（4）"分类"类提供常用的分类组件，包括朴素贝叶斯、CART 分类树、C4.5 分类树、反向传播（Back Propagation，BP）神经网络、K 最近邻、支持向量机和逻辑回归等。

（5）"时间序列"类提供常用的时间序列组件，包括 ARIMA 和指数平滑等。

（6）"聚类"类提供常用的聚类组件，包括 K-Means、DBSCAN 和系统聚类等。

（7）"回归"类提供常用的回归组件，包括 CART 回归树、C4.5 回归树、线性回归、岭回归和 K 最近邻回归等。

（8）"关联分析"类提供常用的关联规则组件，包括 Apriori 等。

Spark 组件包含 8 类，具体如下。

（1）"预处理"类提供对数据进行清洗的组件，包括数据去重、数据过滤、数据映射、数据反映射、数据拆分、数据排序、缺失值处理、数据标准化、衍生变量、表连接、表堆叠和数据离散化等。

（2）"统计分析"类提供对数据整体情况进行统计的常用组件，包括行列统计、全表统计、相关性分析和重复值缺失值探索。

（3）"分类"类提供常用的分类组件，包括逻辑回归、决策树、梯度提升树、朴素贝叶斯、随机森林、线性支持向量机和多层感知分类器等。

（4）"聚类"类提供常用的聚类组件，包括 K-Means 聚类、二分 K-Means 聚类和混合高斯聚类等。

（5）"回归"类提供常用的回归组件，包括线性回归、广义线性回归、决策树回归、梯度提升树回归、随机森林回归和保序回归等。

（6）"降维"类提供常用的数据降维组件，包括 PCA 降维。

（7）"协同过滤"类提供常用的智能推荐组件，包括 ALS 算法等。

（8）"频繁模式挖掘"类提供常用的频繁项集挖掘组件，包括 FP-Growth。

7.1.5 个人组件

"个人组件"模块主要用于满足用户的个性化需求。用户在使用过程中，可根据自己的需求定制组件，方便使用。目前该模块支持通过 Python 和 R 语言进行个人组件的定制，单击 （添加组件）按钮，用户可控制个人组件，如图 7-6 所示。

图 7-6　定制个人组件

7.2　实现诗歌生成

推进文化自信自强，铸就社会主义文化新辉煌，以诗歌生成案例为例，在 TipDM 大数据挖掘建模平台上配置对应工程。详细流程的配置过程，可访问平台进行查看。

第 ❼ 章　基于 TipDM 大数据挖掘建模平台实现诗歌生成

在 TipDM 大数据挖掘建模平台上配置诗歌生成工程的总体流程如图 7-7 所示，主要包括以下 4 个步骤。

（1）对文本进行预处理，包括标识文本数据中诗句结束点、去除低频词和构建映射。

（2）处理完文本后开始构建网络，包括设置配置项、生成训练数据和构建 LSTM 网络。

（3）先设置网络的输出学习情况、生成诗句和训练网络模块，并通过主函数进行整个网络的训练。

（4）通过主函数的日志观察网络根据输入文字生成的诗句。

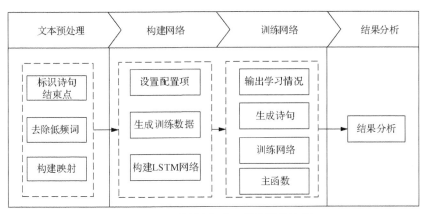

图 7-7　配置诗歌生成工程的总体流程

7.2.1　配置数据源

由于平台上传文件的限制，本章使用的数据为 poetry.txt。使用 TipDM 大数据挖掘建模平台导入数据，步骤如下。

（1）新增数据集。单击"我的数据"模块，在"我的数据集"中单击"新增"按钮，如图 7-8 所示。

图 7-8　新增数据集

（2）设置新增数据集参数。在"封面图片"中随意选择一张封面图片，在"名称"中输入"诗词数据集"，在"有效期（天）"中选择"永久"，单击"点击上传"选择"poetry.txt"文件，等待数据载入成功后，单击"确定"按钮，即可上传，如图 7-9 所示。

图 7-9 设置新增数据集参数

数据上传完成后，新建一个命名为"诗歌生成"的空白工程，为其配置一个"输入源"组件，步骤如下。

（1）拖曳"输入源"组件。在"我的工程"模块的"组件"栏中，找到"系统组件"中"内置组件"下的"输入/输出"类。拖曳"输入/输出"类中的"输入源"组件至画布中。

（2）配置"输入源"组件。单击画布中的"输入源"组件，然后单击画布右侧"参数配置"栏中的"数据集"下的框，输入"诗词数据集"，在弹出的下拉框中选择"诗词数据集"，在"名称"框中勾选"poetry.txt"。右击"输入源"组件，选择"重命名"并输入"诗词数据集"，如图 7-10 所示。

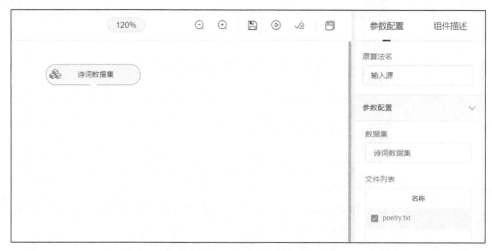

图 7-10 配置"诗词数据集"组件

第 ❼ 章　基于 TipDM 大数据挖掘建模平台实现诗歌生成

7.2.2　文本预处理

本章文本预处理主要是标识诗句结束点、去除低频词和构建映射，实现文本预处理的步骤如下。

（1）创建"文本预处理"组件。进入"个人组件"模块，单击 按钮新增个人组件，在"组件名称"框中输入"文本预处理"，将文本预处理的代码放入"组件代码"框中，并在"# <editable>"行和"# </editable>"行之间插入输入配置和输出配置，如图 7-11 所示。

图 7-11　创建"文本预处理"组件

（2）连接"文本预处理"组件。拖曳"文本预处理"组件至画布中，并与"诗词数据集"组件相连，如图 7-12 所示。

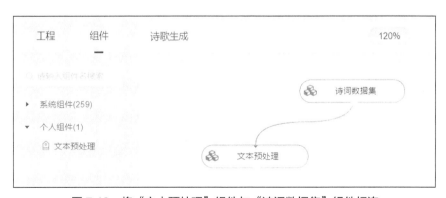

图 7-12　将"文本预处理"组件与"诗词数据集"组件相连

7.2.3　构建网络

完成了文本的预处理后即可开始构建用于训练的网络，构建网络主要包括设置配置项、生成训练数据、构建 LSTM 网络。

Keras 与深度学习实战

1. 设置配置项

构建网络前需要先对网络的参数进行配置，配置"设置配置项"组件的步骤如下。

（1）创建"设置配置项"组件。进入"个人组件"模块，单击按钮新增个人组件，在"组件名称"框中输入"设置配置项"，将设置配置项的代码放入"组件代码"框中，并在"# <editable>"行和"# </editable>"行之间插入输入配置和输出配置，如图 7-13 所示。

图 7-13 创建"设置配置项"组件

（2）连接"设置配置项"组件。拖曳"设置配置项"组件至画布中，并与"文本预处理"组件相连，如图 7-14 所示。

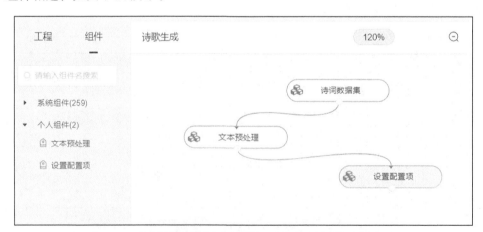

图 7-14 将"设置配置项"组件与"文本预处理"组件相连

2. 生成训练数据

除了设置配置项外，在训练网络前还需要生成用于训练网络的数据。配置"生成训练

第 7 章　基于 TipDM 大数据挖掘建模平台实现诗歌生成

数据"组件的步骤如下。

（1）创建"生成训练数据"组件。进入"个人组件"模块，单击 按钮新增个人组件，在"组件名称"框中输入"生成训练数据"，将生成训练数据的代码放入"组件代码"框中，并在"# <editable>"行和"# </editable>"行之间插入输入配置和输出配置，如图 7-15 所示。

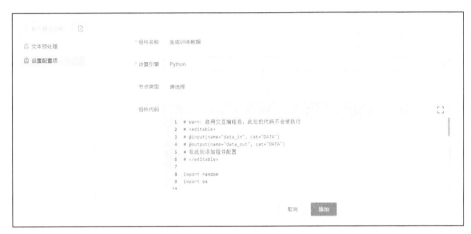

图 7-15　创建"生成训练数据"组件

（2）连接"生成训练数据"组件。拖曳"生成训练数据"组件至画布中，并与"设置配置项"组件相连，如图 7-16 所示。

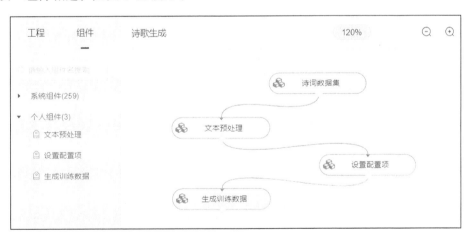

图 7-16　将"生成训练数据"组件与"设置配置项"组件相连

3. 构建 LSTM 网络

配置"构建 LSTM 网络"组件的步骤如下。

（1）创建"构建 LSTM 网络"组件。进入"个人组件"模块，单击 按钮新增个人组件，在"组件名称"框中输入"构建 LSTM 网络"，将构建 LSTM 网络的代码放入"组件代码"框中，并在"# <editable>"行和"# </editable>"行之间插入输入配置和输出配置，如图 7-17 所示。

Keras 与深度学习实战

图 7-17 创建"构建 LSTM 网络"组件

（2）连接"构建 LSTM 网络"组件。拖曳"构建 LSTM 网络"组件至画布中，并与"生成训练数据"组件相连，如图 7-18 所示。

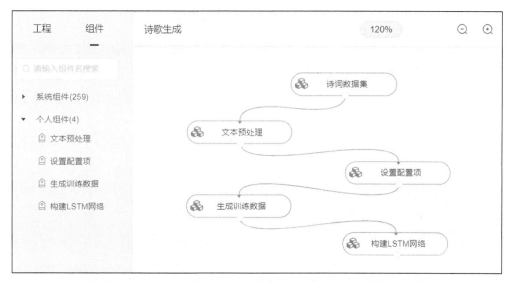

图 7-18 将"构建 LSTM 网络"组件与"生成训练数据"组件相连

7.2.4 训练网络

构建好网络之后需要将数据导入网络，并对网络进行训练，网络训练结束后才能实现文本生成。

1. 输出学习情况

配置"输出学习情况"组件步骤如下。

（1）创建"输出学习情况"组件。进入"个人组件"模块，单击 按钮新增个人组件，在"组件名称"框中输入"输出学习情况"，将输出学习情况的代码放入"组件代码"

第❼章 基于 TipDM 大数据挖掘建模平台实现诗歌生成

框中,并在"# <editable>"行和"# </editable>"行之间插入输入配置和输出配置,如图 7-19 所示。

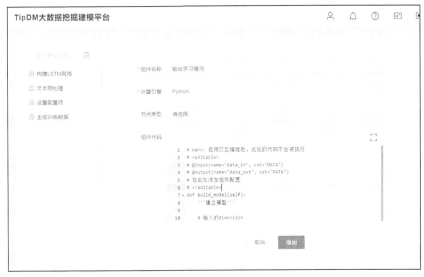

图 7-19 创建"输出学习情况"组件

(2)连接"输出学习情况"组件。拖曳"输出学习情况"组件至画布中,并与"构建 LSTM 网络"组件相连,如图 7-20 所示。

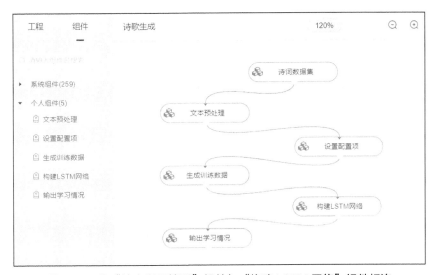

图 7-20 将"输出学习情况"组件与"构建 LSTM 网络"组件相连

2. 生成诗句

配置"生成诗句"组件步骤如下。

(1)创建"生成诗句"组件。进入"个人组件"模块,单击 按钮新增个人组件,在"组件名称"框中输入"生成诗句",将生成诗句的代码放入"组件代码"框中,并在"# <editable>"行和"# </editable>"行之间插入输入配置和输出配置,如图 7-21 所示。

图 7-21 创建"生成诗句"组件

（2）连接"生成诗句"组件。拖曳"生成诗句"组件至画布中，并与"输出学习情况"组件相连，如图 7-22 所示。

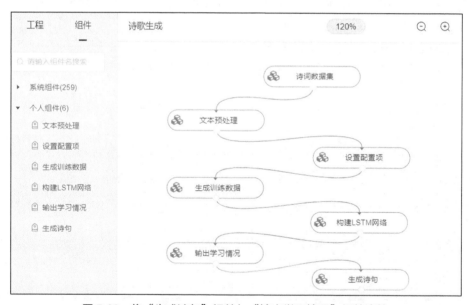

图 7-22 将"生成诗句"组件与"输出学习情况"组件连接

3. 训练网络

配置"训练网络"组件的步骤如下。

（1）创建"训练网络"组件。进入"个人组件"模块，单击 按钮新增个人组件，在"组件名称"框中输入"训练网络"，将训练网络的代码放入"组件代码"框中，并在"# <editable>"行和"# </editable>"行之间插入输入配置和输出配置，如图 7-23 所示。

第 7 章 基于 TipDM 大数据挖掘建模平台实现诗歌生成

图 7-23 创建"训练网络"组件

（2）连接"训练网络"组件。拖曳"训练网络"组件至画布中，并与"生成诗句"组件相连，如图 7-24 所示。

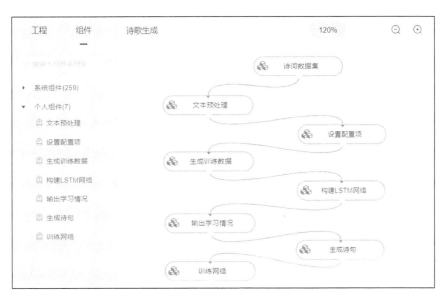

图 7-24 将"训练网络"组件与"生成诗句"组件相连

4．主函数

配置"主函数"组件的步骤如下。

（1）创建"主函数"组件。进入"个人组件"模块，单击 按钮新增个人组件，在"组件名称"框中输入"主函数"，将主函数的代码及封装好的函数代码一并放入"组件代码"框中，并在"# <editable>"行和"# </editable>"行之间插入输入配置和输出配置，如图 7-25 所示。

图 7-25 创建"主函数"组件

（2）连接"主函数"组件。拖曳"主函数"组件至画布中，并与"训练网络"组件相连，如图 7-26 所示。

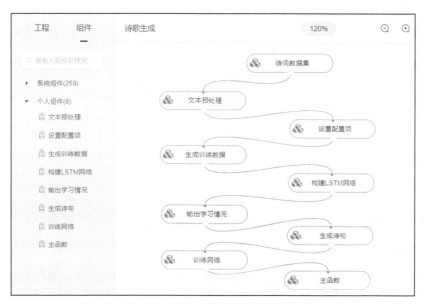

图 7-26 将"主函数"组件与"训练网络"组件相连

7.2.5 结果分析

运行"主函数"组件并查看运行结果的步骤如下。

（1）运行"主函数"组件。右击"主函数"组件，如图 7-27 所示，然后选择"全部运行"。

（2）查看运行结果。"主函数"组件运行结束后，右击"主函数"，选择"查看日志"，结果如图 7-28 所示。

第 7 章 基于 TipDM 大数据挖掘建模平台实现诗歌生成

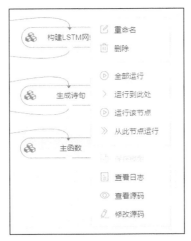

图 7-27 右击"主函数"组件

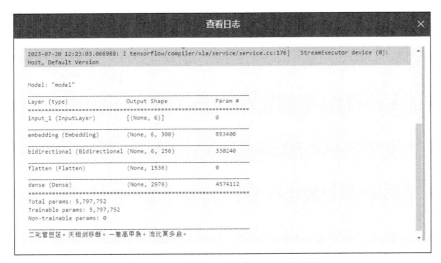

图 7-28 查看"主函数"组件运行结果

从图 7-28 可以看出，模型已经能够输出 5 个字的"词语"，但是未能生成一首完整的诗歌，还需要继续训练。由于模型训练具有随机性，所以每次的输出结果不会完全一致。

实训　实现基于 TipDM 大数据挖掘建模平台的文本生成

1．训练要点

掌握使用 TipDM 大数据挖掘建模平台实现文本生成。

2．需求说明

参照第 5 章的实训，在 TipDM 大数据挖掘建模平台实现基于 LSTM 网络的文本生成。

3．实现思路与步骤

（1）加载数据。

(2)生成从字符映射到编号的字典。
(3)构建LSTM网络。
(4)存储网络。
(5)生成文本。

小结

本章介绍了在TipDM大数据挖掘建模平台上配置诗歌生成案例的工程,从文本预处理开始,再到构建网络,最后训练LSTM网络生成诗句,读者对诗歌生成的了解更加深入。同时,平台去编程、拖曳式的操作,便于没有编程基础的读者轻松实现诗歌生成的流程。

课后习题

在平台上改变"生成诗句"组件中predict函数的text值,观察网络的输出结果。